KB159417

한옥, 건축학개론과 시詩로 지은 집

● 본 도서는 한국출판문화산업진흥원 2016년 우수출판콘텐츠로 선정되었습니다.

한옥, 건축학개론과 시詩로 지은 집

–

장양순 지음

기파랑

건축가는 집이 시가 되고,
시인은 시가 집이 된다

건축과 시는 예술이라는 범주 속에 있지만 한국에서 일반인들이 받아들이는 느낌은 사뭇 다르다. 대부분의 사람들은 집을 재테크 수단의 하나인 부동산으로만 생각하고 있으며, '관광'이란 단어가 나와야만 겨우 예술을 입에 담는다. 이에 반하여 시는 예술로 생각하지만, 학교를 떠나면 특정한 애호가들의 사치품쯤으로 치부되고 있다. 또한 건축과 음악, 건축과 미술을 연관시킨 저서들은 있으나 선진국과 달리 건축에 관한 시를 모은 책은 아직 없다.

필자는 지금까지 모아온 건축 관련 시를 날줄 삼고 한옥에 대한 건축학개론을 씨줄 삼아 이 책을 만들었다. 이는 부동산으로만 편향되어 있는 건축에 대한 인식을 예술로 승화시키고, 관광지에서 흔히 접하는 건축에 대한 감상의 안목을 높여서 즐거움을 더하며, 시의 세계가 친근하게 다가와 보편화·대중화되는 일거양득을 할 수 있기 때문이다. 또한 건축가는 시에 대하여, 시인은 건축에 대하여 서로의 세계를 알 수 있는 매개체가 되고, 이로써 양쪽 모두 시너지 효과를 거두리라는 확신도 있다. 그뿐만 아니라 자라나는 청소년들에게는 전통 한옥의 아름다움을, 기성 세대들에게는 이에 더하여 타임머신을 타고 어린 시절로 되돌아가는 기쁨을 선사할 것이다. 그뿐 아니라 막연히 알고 있던 한옥에 대한 체계적인 공부가 저절로 될 것이다.

미국의 건축가 프랭크 로이드 라이트Frank Lloyd Wright는 "위대한 건축가는 반드시 위대한 시인이 되어야 한다"며 건축과 시의 상관가치를 동일 선상에 두었다. 호주의 건축가 자이들러Harry Seidler는 이외른 우촌Jorn Utzon의 시드니 오페라 하우스에 대하여 "건축은 하나의 언어이고, 그 언어를 말하는 것은 건축가들이다. 시드니 오페라하우스는 절묘하게 절제된 몇 마디 단어로써 표현된 시라고 할 수 있다"고 하였다. 독일의 철학자 마르틴 하이데거Martin Heidegger는 언어를 '존재의 집'으로 규정하였다. 그렇다면 언어를 정제하고 연단한 결정체로서 시는 '보석 같이 단단하고 귀한 집'일 것이다. 김후란 시인이 지은 〈시詩의 집〉으로 들어가 보자.

어느 때부터인가 연필이
좋아졌다
백지에 언어의 집을 짓는다
짓다가 잘못 세운 기둥을 빼내어
다시 받쳐놓고

저엉 성에 안 차면

서까래도 바꾼다

그렇게 연필로 세운 집

고치고 다듬고 다시 일으켜 세우는

잠들지 못하게 눈 비비게 하는

연필로 집 짓는 일이 좋았다

작은 기와집 한 채

섬돌 반듯하게 자리 잡아 주고

흙 묻은 고무신 깨끗이 씻어 놓고

건축가는 집이 시가 되고, 시인은 시가 집이 된다. 채움을 위하여 비어 있는 곳空間을 만들기 위한 작업이 건축이라면, 세속에 찌들고 삶에 지친 심신을 정화시켜 아름다움으로 채워주는 것이 시이다. 공기처럼 살아가면서도 미처 몰랐던 우리 한옥의 구석구석을 곁들이는 사진과 시를 통하여 새롭게 느끼고 마음속에 근사한 '나의 집'을 지어보자. 그리고 그 안을 시로 가득 채워보자.

이 책의 발간은 많은 시인들께서 소중한 저작권을 무상 사용하게 함으로써 가능하였고, 사진 또한 동료 건축사를 비롯한 여러분들이 대가 없이 제공하였다. 이 분들께 찬사와 감사를 드린다. 부디 이 책이 젊은이들의 창의성을 발휘하는 토대가 되어 내일의 한국을 발전시킬 원동력이 되기를 소원한다.

| 차례 | **여는 글_** 건축가는 집이 시가 되고, 시인은 시가 집이 된다   5

1부
이런 집 저런 집

1. 한민족과 집   13

2. 터와 집짓기   35

3. 고향집   65

4. 빈집과 폐가   83

5. 동물의 집, 식물의 집   97

6. 상상의 집, 영혼의 집   113

7. 아파트   131

2부
구석 구석 집 이야기

1. 지붕   155

2. 처마와 추녀   183

3. 기둥   195

4. 벽   215

5. 문과 대문   237

6. 창   261

7. 방과 마루 그리고 천장   291

8. 굴뚝과 부엌   325

9. 담장과 울타리   343

10. 마당과 장독대 그리고 뜰과 정원   367

닫는 글_ 시인과 건축사 그리고 사진작가가 함께 세운 시의 집, 시와 집을 담은 책   384

1부

이런 집
저런 집

좀처럼 보기 힘든 한옥의 2층집. 해풍부원군댁으로 제기동에 있던 것을 남산한옥마을로 이전하였다.

한민족과
집

"달아달아 밝은 달아 / 이태백이 놀던 달아 / 저기저기 저 달 속에 / 계수나무 박혔으니 / 옥도끼로 찍어 내고 / 금도끼로 다듬어서 / 초간삼간 집을 짓고 / 양친부모 모셔다가 / 천년만년 살고 지고 / 천년만년 살고 지고"라는 민요 속에는 우리 선조의 안빈낙도 安貧樂道하는 삶의 철학이 들어있다. 천년만년 살고 싶은 집의 규모는 이토록 소박하지만 그 정성은 99칸 고대광실보다 더 지극하여 옥도끼와 금도끼로 부모님 모실 집을 짓고자 한다.

선조들은 달 속의 어두운 부분을 계수나무 밑에서 옥토끼가 방아를 찧고 있는 것으로 표현하였다. ⓒ박무귀 건축사

흔히들 초가삼간이라면 방 두 간 부엌 한 간의 작은 집들을 일컫는다. 실제로 이러한 집들이 꽤 있었고, 그곳에서 장성할 때까지 부모와 한 방을 쓰면서 살아온 어른들도 있다. 이들은 방이 비좁아 동네 큰 집들의 머슴방에서 잠을 자기도 하였다. 그러나 삼 간이라 하더라도 대체적으로 이보다는 컸다. 고종 때인 1894년 경상도 의

오른쪽의 본채와 좌측의 곳간채가 비슷한 규모이다. 그러나 조선시대 가옥면적은 본채만 조사 대상이었다. 낙안읍성.

령의 가옥대장을 1971년에 실사한 바에 따르면 실제로는 전면의 간수만 세고 측면의 간수는 한 간으로만 기록하였고, 그조차 부엌은 제외하였다. 또 화장실, 창고 등 부속건물도 면적에 넣지 않았다. 따라서 방 앞에 툇마루가 있으면 측면이 한 간 반이니 50퍼센트가 늘어난 네 간 반이 되고, 측면이 두 간이면 삼 간 집은 부엌을 제외하고도 육 간이 되었다.

경남 의령의 한 동네를 평균하니 1인당 면적은 한 간 이하가 18퍼센트이고, 40퍼센트가 한 간에서 살았으며 두 간 이상도 14퍼센트에 달하였다.* 공교롭게도 양친 부모 모셔다가 천년만년 살고픈 집의 규모가 조사서의 평균치와 비슷하다. 이제 초가삼간보다 더 작은 단칸 옴팡집에서 즐거워하는 선조들의 시조를 감상해보자.

*신영훈, 『한국의 살림집(상)』, 열화당.

초가삼간과 이규보李奎報 의 모듈설계

다만 한 간 초당에 전통 걸고 책상 놓고
나 앉고 임 앉으니 거문고는 어디 둘꼬
두어라 강산풍월이니 한데 둔들 어떠리.

십 년을 경영하여 초당 한 간 지어내니
반 간은 청풍이요 또 반 간은 명월이라
청산은 들일 데 없으니 한데 두고 보리라.

이규보의 사륜정기(四輪亭記)에 의해 지은 사륜정. 양평 세미원에 있다. 아래는 60cm를 한 단위로 설계한 사륜정평면도.

마음먹고 오랜만에 지은 집이 한 간짜리 초가집이다. 내가 앉고 임이 앉으니 거문고조차 둘 데가 없는 작은 방이지만 그 속 밝은 달과 맑은 바람까지 함께하려는 호연지기와 풍요로운 마음을 엿볼 수 있지 아니한가.

고려시대 이규보*는 한 간보다 훨씬 작은 한 평에 네 바퀴를 달아 그늘로 옮겨 다닐 수 있는 정자를 설계하였다. 한 평은 사방이 1.8미터로 60제곱센티미터 정방형을 9개를 만들 수 있다. 이 중 가운데 바둑판이 하나, 기사 2인과 가수, 악사, 시인 그리고 주인 등 사람이 여섯 개를 차지한다. 나머지 남는 공간에 거문고와 술상을 놓는다. 그는 "대나무 서까래와 대자리 지붕으로 정자를 가볍게 하고 옮길 때는 아이 종이 끌게 한다"고 자재와 이동수단까지도 상세하게 기술하였다. 오늘날 극장의자 폭이 50센티미터 내외이니 60센티미터의 사륜정은 오늘날 상용하는 모듈module설계서로서도 완벽한 셈이다.

*이규보(1168~1241)
고려 후기의 문신, 학자, 문인. 만년(晚年)에 시, 거문고, 술을 좋아해 삼혹호선생(三酷好先生)이라고 불렸다. 사륜정기를 지었다.

교육과 수양 위해 방과 문 등에도 이름 붙여

한국의 집들은 수천 년에 걸쳐 조금씩 바뀌어왔다. 그중 가장 큰 변화는 고려 말부터 북방의 온돌과 남방의 마루가 합쳐져 한옥의 정형을 완성한 점이다. 이러한 한옥은 지배계층을 중심으로 그 규모를 키워나갔다. 그러나 집이 크다고 하여 교만해지는 천박함은 없었다.

조선 후기 많은 저서를 남긴 홍길주는 두 간짜리 집에서 큰 집을 지어 이사하면서 곳곳에 이름을 짓고 편액을 붙였다. "바깥문은 배움을 통해 도로 들어간다는 원득문爰得門, 동쪽 채는 정수각靜壽閣, 서재는 수일재守一齋"*라 하는 식이었다. 머무는 곳마다 편액을 보고 스스로 경계하고 지식을 함양하며 인격을 갈고 닦았던 것이다.

실제로 안동 치암고택을 보면, 사랑채 아랫방은 성명재誠明齋, 윗방은 경업재敬業齋, 중간마루는 낙성당樂聖堂, 누마루방은 호도재浩

*홍길주(1786~1841), 『복거지
(卜居識)』. 홍길주는 정조 때 문장
가이며 경학자이다.

정인국, 〈주택 발전 계통도〉,
『한국건축양식론』, 일지사.
그림의 위는 북쪽 지방, 아래는 남
쪽 지방의 한옥 구조.

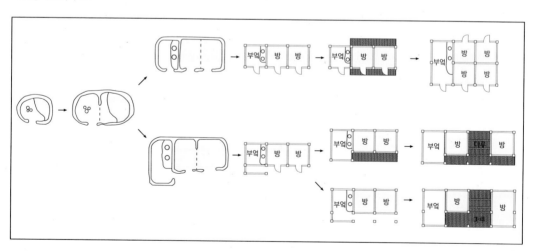

道齋, 누마루는 청풍헌清風軒이다. 심지어 화장실도 졸성실卒性室, 목욕실은 탁청실濯清室이란 이름이 붙고, 본채 동편 연못도 잠룡당潛龍塘이라 명명하였다. 아파트에 사는 우리도 택호는 물론 방과 거실 등 곳곳에 이름을 붙이면 자녀교육과 자기수양에 더없이 좋을 것이다.

경주 김호장군댁 우물.
김유신장군의 재매정택의 우물
입구는 사각형이다.

선조들이 갖고 싶은 집의 규모

자신의 호를 초려草廬, 즉 '보잘것없는 초가집'이라 명명한 조선 효종조 때 학자 이유택*은 그의 저서 『초려집』에서 "처음에 다섯 간을 지어 한 간은 자녀에게, 한 간은 마루방과 창고, 두 간은 안방, 나머지는 부엌으로 쓴다. 아이들이 크면 별채 세 간을 지어 살게 하되, 경우에 따라서는 아들 부부나 딸 부부가 살아도 된다. 남자들은 외청 두 간과 사랑채 세 간을 지어 나간다. 그리고 나중에 서실 두 간을 더 필요로 한다"고 하였다. 그 외 한 간에 못 미치는 찬간과, 각 세 간의 곳간과 마굿간도 넣었다. 현대식으로는 다용도실과 차고와 창고인 셈이다. 라이프 사이클에 맞춰 계속 키워나가는 집이 완성되었을 때 규모가 스무 간이니 40~50평쯤 되는 셈이다. 이렇게 몸채, 사랑채, 별채 등으로 나뉘는 한옥도 처음에는 부엌과 방이 하나인 움집으로부터 시작되어, 북방식과 남방식으로 분화되었다.

* 이유택은 조선시대 효자이며 문인이다.

추사 김정희의 무량수각(無量壽閣) 등 무려 일곱 개의 현판이 걸려 있는 아산 외암리 건재고택 사랑채. ⓒ 조상연 건축사

사대부들의 이상적인 자기 집 계획안

사대부들은 이렇게 자신의 철학에 맞춰 직접 집을 계획하였다. '작은 집도 뜻에 맞고 몸이 편안하다면 넓은 집이 되는 것이고, 그렇지 못하면 고대광실高臺廣室도 누추한 집만 못하다'는 것이 선비들의 생각이었다. 이러한 사상은 물질보다 정신을 우위에 두었던 선비정신에도 기인하나 근원적으로는 통일신라시대부터 내려온 건축법 때문이기도 하다.

신라 헌강왕 때 수도 서라벌은 모두 기와지붕이고 숯으로 밥을 해먹을 정도로 부유했지만 집에 대한 규제는 매우 엄격하였다. 우리나라 최초의 건축법규라 할 수 있는 삼국사기 옥사조屋舍條에는 한쪽이 왕실의 핏줄인 진골에게도 부연을 단 겹처마, 돌계단 옆의 돌난간, 5색 단청, 중층누문, 익공 같은 포작집은 물론 석회도 못 바르게 하였고 품계에 따라 기둥 높이도 제한하였다.

100간이 넘는다는 강릉 선교장의 모습. ⓒ 홍영배 건축사

이러한 전통은 조선에까지 이어졌다. 한양 천도 시 조정은 왕족과 고위관리에게 1,365평*의 택지를 주고 서민에게도 78평을 주었지만 기초 외에는 다듬은 돌은 쓰지 못하게 하고 건축 면적도 대군大君 60간부터 서민 10간까지 10등급으로 나누어 규모를 제한하였고, 간의 길이도 달리하였다. 이러한 규제는 역설적으로 통일신라시대의 건축술이 대단히 발전하였다는 것을 반증한다. 실제로 사절유택四節遊宅이라 하여 계절에 따른 별장이 있었고 부윤대택富潤大宅이라 하여 비소택 등 35채의 금입택金入宅이 있었다고 한다. 김유신 장군의 재매정택財買井宅도 그중 하나이다.

한옥은 사랑채, 안채, 행랑채, 서청書廳, 별당, 정자, 사당 등으로 구분하여 기와를 덮은 상류주택부터 그보다 규모가 작은 중인층과 백성들의 한 채 혹은 두 채로 구성된 초가집으로 구분할 수 있다. 그러다 16세기 들어 양반들의 씨족마을이 형성되고, 종가집의 '봉제사 접빈객奉祭祀 接賓客'*이 중요해지면서 법을 어기고 규모가

* 1평은 1.8m×1.8m, 1간은 2.4m×2.4m이다. 한국은 m법을 사용하지만, 한옥이 척도(尺度)를 사용하기 때문에 부득이 이를 적용한다.

* 봉제사 접빈객: 봉제사는 제사를 지내는 것을 의미하고 접빈객은 손님을 대접하는 것을 의미한다. 종가의 종손은 선조의 제사를 받들고, 문중 사람을 비롯한 손님 접대가 주 임무였다.

아산 외암리 건재고택 사랑채 정원(오른쪽) 뒤쪽에 왼쪽 사진의 연못이 있다.ⓒ신우식 건축사

커진다. 추사 김정희의 증조할머니는 영조의 딸, 화순옹주이다. 조정은 영조가 시집간 딸에게 지어준 월성위궁이 크다 하여 문제 삼기도 하였으나, 결국 집의 규모는 99간까지 묵인되었다. 게다가 19세기 들어 부를 축적한 중인층이 생기면서 정원에 기화요초를 심는 등, 절제보다 즐기는 것으로 주택의 개념이 바뀌기 시작하였다. 판소리 여섯 마당을 완성한 신재효는 중인이었지만 경남 고창의 저택은 대지 4천여 평에 연못과 괴석으로 조성한 석가산石假山이 있었다. 이런 호사로운 집의 풍경과 방 안 세 간을 판소리 〈흥부전〉의 한 대목에서 살펴보자.

동산 앞 넓은 터에 임좌병향壬坐丙向 터를 다져 팔괘 놓아 완담을 치고 주란화각을 좌우로 세웠난디, 안팎 중문 솟을대문 풍경소리가 더욱 좋다. 대문 안을 들어서니 연못 안에는 석가산을 대대층층 두었는데, 연못 속의 백 거위는 저희끼리 짝을 지어 둥덩둥덩 떠서 놀고, 화계상花階上*의 각색 화초는 손을 보고 반기난듯, 안방치레 볼작시면 큰 병풍 작은 병풍 샛별 같은 순금대와 다문담숙 놓여있고, 사랑

* 계단식 꽃밭

에를 들어서며 방치레를 살펴보니 각장판 능화도배, 소란반자, 완자 밀창, 모란자 오색보료, 청담 홍담 백담요와 밀화쟁반 호박대야 청유리병 황유리병 유리등 양각등 면경체경 옷걸이며 문채 좋은 대모 책상 화류문갑 비취연상 산호필통 마뇌 연적 용지연 봉황필과 왜색 당필 당주지며 시전주지 금박지를 한데 말아 시부 편에 접어놓고 서책을 쟁였는데….

낙선재의 화계.

일제강점기부터 시작된 서민들의 단칸 한옥

일본의 강압적인 한국 병탄이 시작되면서 서울은 인구가 늘어나기 시작하였다. 집장수들은 북촌 일대 사대부들의 저택을 산 후 수십 필지로 나누어 한옥을 지어나갔다. 정세권(1888~1965)의 경우는 서울 북촌을 비롯하여 왕십리에 이르기까지 작은 한옥들을 표준화하여 대량 보급하였고, 이로써 번 돈을 애국독립운동에 쾌척하였다. 전통적인 한옥은 아니나 그가 없었다면 오늘날 관광명소가 된 서울의 북촌마을도 없었다.

바로 1920년대부터 오늘의 서울 북촌이 건설되기 시작한 것인데, 앞에서 설명한 것처럼 세도가의 넓은 대지를 수십 개의 필지로 나누어 대청 유리문과 함석챙이 있는 표준형으로 건축하였고, 이후 익선동, 명륜동, 성북동, 왕십리에 걸쳐 1940년대까지 건축되었다. 협소한 대지로 집과 집의 지붕이 닿을 정도였지만 초가나 토막집에 살던 당시 서민들에겐 매우 좋은 집이었다.

건축법에서 한옥은 "기둥과 보가 목구조 방식이고 한식 지붕틀

일제시대 지어진 익선동의 한옥촌. 담 없이 기와지붕이 연이어져 있다.(위) 아래는 함석차양이 설치된 안마당.

로 된 구조로서 한식기와, 볏짚, 목재, 흙 등 자연재료로 마감된 우리나라 전통양식이 반영된 건축물 및 그 부속건축물을 말한다"라고 정의하고 있다. 이러한 한옥이 양옥으로 변하기 시작한 것은 산업화가 시작된 1960대이다. 다만 그 사이 존재한 판잣집도 뺄 수 없는 역사의 단면이다.

가느다란 각목 몇 개와 미군부대의 화물 박스를 해체하여 얻은 판재로 집을 만들고 지붕은 미군들이 먹고 버린 빈 깡통을 펴고 이어서 덮었다. 6.25한국전쟁 이후 북한에서 온 피란민들이 서울 청계천변 일대와 서울역 부근 등 대도시에 정착하면서 만든 집이다. 이러한 판자촌의 시작은 해방 후 귀국한 동포들과 이북에서 넘어온 사람들로 서울 남산 밑 후암동과 이태원 일대의 언덕배기에 해방촌이란 이름을 만들게 하였다. 게다가 생계를 위해 도시로 올라오는 사람들로 인해 주택난은 가중되고 삶의 질은 오히려 후퇴하였다.

1970년 서울 가구의 반은 단칸방에 살아

1962년 시작된 경제개발 5개년계획은 '수출만이 살길'이란 깃발 아래 가발, 솔방울, 사람의 오줌 등으로 1964년 처음으로 1억 달러를 수출하였고 그로부터 50년 후인 2014년에는 무려 5,727억 달러로 세계 6위를 차지하였다. 이러한 수출 드라이브 정책은 우리나라를 농업국가에서 공업국가로 탈바꿈시켰고, 농촌을 떠나 인구의 도시집중화를 가속시켰다. 1970년도 서울의 전체 가구 중 반이 넘는 51퍼센트가 단칸방에서 살았다. 사진에서와 같은 작은 기와집의 방 하나에 한 가정이 살았다. 이런 기와집은 거의가 공간이 너무 협소했기 때문에 추녀 밑으로 부엌을 만들 자리조차 나지 않아 손바닥만 한 마당조차 덮어버렸다. 같은 이유로 대문간 위에 평슬래브를 만들어 장독대로 사용할 정도였다. 잠시 단칸방에서 아이들과 어떻게 지내는지, 그 속을 들여다보자.

주문呪文찍힌 잡동사니가
탑처럼 쌓이는 유기질 동굴,
드러누우면
북통만 한 방이 슬그머니 늘어나
팔 다리 뻗을 자리가 열리고
내가 찾는 개미 구절句節이
먼지 덮인 책갈피에서 기어 나오고
구불구불 굴절하는 틈서리로

1940년대에 지어진 왕십리 한옥의 1960년대 말 풍경.

달빛이 스민다.

빗방울이 천정에 해도海圖를 그리고

어린것들은

유년의 마술로 기적소리를 내며

책상다리 사이로 만국유람을 한다

별구경이나 할까

한밤중에 뜰에 나서면

나의 외피外皮인 식물들이 독바람 속에서도

말없이 푸른 호흡을 하고 있다

다행히 가난이 나의 편을 들어주어

집이 좁아질수록

깊이 뻗는 뿌리.

성찬경(1930~2013, 충남 예산)
『시간 음』, 문학예술사.

성찬경 〈나의 집〉

방 한 칸 얻기 위해 걸어 다닌 일생의 거리

시인이 사는 "북통만 한" 작은 방은 개미가 기어다니고 비가 새
지만 아이들은 좁은 줄 모르고 책상다리 사이로 신나게 기차놀이
를 한다. 아버지는 그것이 흐뭇하여 "집이 좁아질수록 깊이 뻗는
뿌리"라며 자위하고 있다. 광복 전후세대는 이렇게 자식들을 키워
왔고, 지금 50대까지는 이런 환경에서 자라왔다. 이렇듯 작은 단칸
방이나마 구하는 것은 또 얼마나 어려웠든가.

자기 소유의 방 한 칸 갖지 못한 가난한 사람들은 자신과 가족을 위한 그 "방 한 칸을 얻기 위해 걸어 다닌 일생의 거리"를 노래한다. 어디 이뿐이랴. 단칸방에도 급이 나뉘었다.

고흐의 해바라기.
해를 향해 피어있는 눈이 부신 황금색 해바라기. 해바라기 꽃처럼 집은 산꼭대기에 있지만 현실은 빛이 들지 않는 지하방을 선택할 수밖에 없다.

대흥동 가파른 계단 끝 / 고흐의 해바라기처럼 걸린 방
알고 보니 시든 종이꽃이었다

키 작은 주인여자가 방문을 열자
잡다한 생활의 때가 모자이크된 벽지와
싱크대의 퀴퀴한 냄새

비좁은 복도를 마주하고 세든 세 가구가
공동화장실을 가다 마주치면 / 서로 스며야 한다

하루치의 숨을 부려놓고 / 햇빛 한줄기에도
보증금이 필요한 세상

모든 희망의 문짝이 떨어져나간 대문을
허둥지둥 나서니 / 거리의 그 많은 사람들 모두 방이 있다니!

아니야, 방은
액자 그림 속에나 있는 것
노숙. 가망 없음.
그게 우리 지상의 방이야

생활정보지를 펼쳐 아홉 번째 ×를 그리면서
방 한 칸 얻기 위해 걸어다닌
일생의 거리를 생각해본다.
목 부러진 해바라기들이
투둑 발에 밟힌다.

강신애(1961~, 경기 강화)
『서랍이 있는 두 겹의 방』, 창비.

강신애 〈액자 속의 방〉

금호동 달동네.

　반지하방은 빛이 들지 않는 대신 월세나 전세금이 쌌다. 세월이 흘러 조금 돈이 모이면 지상으로 탈출을 시도했다. 해바라기는 멀대처럼 큰 키에 달랑 꽃 한 송이를 피워 해를 따라 돈다. 해바라기 꽃처럼 산꼭대기에 높이 있는 집인데도 지하방이라서 빛이 들지 않는 집. 절망하는 시인의 손에 생활정보지가 들려 있는 것을 보면 빨라야 1990년 이후의 풍경이 될 것 같다. 불과 20여 년 전에도 이런 현실이 우리에게 있었다.

　집을 얻고 나면 가족 모두 나서서 집을 꾸며야 하였다. 요즈음은 이삿짐센터에 모든 것을 맡기고, 이사 전에 도배 커튼 등 소위 인테리어를 미리하고 들어가는 것이 일상화되었지만 그 역사가 긴 것은 아니다. 전에는 가족 모두가 각자 할 일을 맡아서 집을 꾸며야 하였다. 새로 이사한 집을 도배하고 비닐장판을 새로 깔고 페인트칠 하는 것이 남편과 아내가 해야 할 일이었다. 장철문 시인은 셋집을 단장하면서 느끼는 감회를 〈집〉이란 시로 쓰고 있다. 1990년대까지 당연시했던 이런 것은 앞으로 볼 수 없는 풍경이 될 것이다.

여의도, 강남, 잠실로 이어지는 아파트 시대

정부는 공업화에 의한 근대국가의 기틀을 다지고 도시로 집중하는 국민들의 주거복지를 위해 1964년 도시계획법과 건축법을 만들고, 집을 설계하는 건축사 면허시험을 실시하였다. 1965년에는 대한건축사협회가 건축사법에 의해 설립되었다. 이때부터 벽돌과 철근, 시멘트와 유리로 된 양옥이 한옥을 대체하고 대지의 효율화를 위한 아파트가 건립되기 시작한다. 이는 장작 대신 연탄이나 기름보일러로 바꾸어온 난방방식의 변화와는 차원이 다른 혁명이었다. 이러한 주거 변화의 밑바닥에는 그를 뒷받침할 산업의 성장이 있었다. 판유리는 1958년에야 파나마의 기술로 공장이 세워졌으며, 시멘트는 1962년 50만 톤에서 1971년 687만 톤으로 생산량이 13배 이상 증가하였다. 그리고 철근과 철골을 만드는 제철량도 1956년도 4만 톤에서 1971년 43만 톤이 되었다. 현재 부산 등 광역자치시 모두가 겪었던 주거 문제를 이제부터 그 대표인 서울을 중심으로 살펴보자.

순천에 재현한 1960~1970년대 달동네 모습.

1960년대 청계천의 무허가 판잣집이 철거되면서 그 자리엔 세운상가와 시장들이 들어서는 등 재개발이 시작되었고, 철거민들을 지금의 성남시인 광주대단지로 이주시켰다. 기본시설이 안 된 광주단지 이주는 대규모 시위를 촉발하였고, 성남시가 탄생하였다.

김포공항까지 가는 제2한강교가 완공되고 서교동과 동교동의 논밭이 대규모 주택단지로 개발되었다. 수출 전용 구로공단이 완성되면서 고척동 등이 개발되었다. 이와 함께 정부는 경제개발 5개년 계획의 주택사업 일환으로 1962년 마포아파트를 건축하였다.

청계천의 변화
1. 청계천 복개공사 모습. 복개되지 않은 곳에 판자촌이 보인다.ⓒ 국가기록원 CET0035613 2. 복개 도로. 3. 복원된 청계천의 야경. ⓒ 관광공사, 목길순 4. 고가도로 교각을 남겨둔 채 복원된 모습.

주택공사는 단독주택보다 3만 평의 대지가 절약되었고, 국내 자재로 고층화 주택 건립 가능성을 확인하였으며, 도시미관 발전에 기여함과 함께 주택난을 해결하였다고 효율성을 홍보하였다. 이로부터 9년 뒤 윤중제가 완공된 여의도에 시범아파트가 완성됨으로써 한국의 아파트시대가 본격적으로 시작되었다.

1960년대 서울의 주택보급률은 30퍼센트, 즉 70퍼센트가 셋방살이를 하였으며 서울 전체 인구의 1/3이 무허가 판잣집에서 생활하고 있을 때였다. 아파트 건설이 본격화되었지만 7~8가구가 사는 집에도 화장실은 하나밖에 없어 아침이면 발을 동동 구르며 줄을 서야 하는 단칸 셋방이 대부분이었다.

1963년 서울은 강남을 편입하였다. 영등포 동쪽이라 영동永東이라 이름 붙은 말죽거리 주변은 1967년 제3한강교가 완공되고 경부고속도로 중 서울 수원 간이 먼저 완공됨으로써 본격화되었다. 압구정동부터 시작된 아파트는 강남 전역에 퍼져나가고 이어진 잠실지구는 1~5단지의 주공아파트로부터 아파트화하기 시작하였다. 냉온수가 나오고 수세식 화장실이 있는 아파트의 당첨은 로또와 같아서, 열풍은 거세져만 갔다. 이 해 부산이 직할시로 승격하였다. 세상의 설움 중에 집 없는 설움이 제일 크다는데, 어렵게 집 한 채 장만한 시인은 아파트 열풍에 초연하면서 집의 본질을 파헤친다.

새집들에 둘러싸이면서
하루가 다르게 내 사는 집이 낡아간다
이태 전 태풍에는 기와 몇 장 이齒 빠지더니
작년 겨울 허리 꺾인 안테나
아직도 굴뚝에 매달린 채다
자주자주 이사해야 한 재산 불어난다고
낯익히던 이웃들 하나둘
아파트며 빌라로 죄다 떠나갔지만
이십 년도 넘게 나는 / 언덕길 막바지 이 집을 버텨왔다
지상의 집이란
빈부貧富에 젖어 살이 우는 동안만 집인 것을
집을 치장하거나 수리하는

한국 최초의 대단지인 마포아파트 항공사진. ⓒ 국가기록원
CET0035584

그 쏠쏠한 재미조차 접어버리고서도

먼 여행 중에는 집의 안부가 궁금해져

수도 없이 전화를 넣거나 일정을 앞당기곤 했다

언젠가는 또 비워주고 떠날 / 허름한 집 한 채

아이들 끌고 이 문간 저 문간 기웃대면서

안채의 불빛 실루엣에도 축축해지던

시퍼런 가장家長의

뻐꾸기 둥지 뒤지던 세월도 있었다.

김명인(1946~, 경북 울진)
『여행자나무』, 문학과지성사.

김명인 〈집〉

    이러한 아파트의 열풍과 함께 새로 조성된 대규모 주택단지에 주택들이 속속 들어서기 시작하였다. 초기에는 적벽돌에 붉은기와의 단층이다가, 1960년대 말부터 2층 주택과 옥상을 사용할 수 있는 평슬래브 지붕으로 급속하게 바뀌었다. 이와 함께 'ㅅ자 집'과 소위 '뾰족지붕집'이 유행을 타기 시작하였고, 1978년에는 태양열 주택이 선을 보였다.

    이즈음 상류주택의 주인방은 전통적인 한옥의 안방과 침대를 놓은 부부침실의 두 가지로 건축되었다. 귀한 손님은 거실이 아닌 안방에 모셔야 된다는 전통적인 개념과, 침대에서 잠자고 싶은 욕망이 이러한 과도기적 평면구성을 하게 된 것이다. 지금도 큰 면적의 아파트에는 남향의 안방과 그에 달린 화장실과 옷고를 함께 쓰는 방이 있다. 그 방을 서재로 쓰는지 침실로 쓰는지 모르나 한옥의 유전자가 온돌과 함께 남아 있는 것이다.

분당 · 일산 신도시의 출현

1988년 노태우 대통령의 아파트 200만 호 공급 공약은 분당, 일산, 산본, 중동, 평촌의 5개 신도시를 탄생시켰다. 그리고 지금도 동탄 등 신도시를 계속 만들고 있다. 이러한 경험은 우리의 도시계획 분야와 건축설계 분야가 세계에 진출하는 모태가 되어, 중동과 동남아에 기술수출을 하고 있다.

분당 일산을 넘어 건설되고 있는 동탄 2기 신도시의 뉴타운 시범지구 조감도. ⓒ 한국토지공사

2015년 말 우리나라의 주택보급률은 103퍼센트이다. 이제 세대 수보다 집 수가 많아진 것이다. 동탄, 화성 등 제2기 신도시도 입주하고 있다. 현재 1인당 집의 면적은 34제곱미터(10평 이상)가 넘고 있다. 방도 1인당 1.1개다.

50년 전 한 가족이 살던 면적보다 지금 한사람이 살고 있는 면적이 큰 것이다. 또한 1인 세대도 20퍼센트로 급증하고 있다. 이러한 세대수의 급증과 단독주택에서 세 들어 사는 사람들의 주거환경 개선을 위하여 주택의 종류도 많아져서 다세대, 다가구, 다중, 도시형 생활주택 등으로 세분하고 있다. 또한 세대당 인원의 감소가 주거의 패턴을 바꾸고 있다. "몇 평형 아파트에 사느냐"가 더 이상 부의 척도가 되지 않는 시대가 다가온 것이다.

주거환경은 비할 수 없을 만큼 좋아졌지만 대도시에서 내 집을 갖는다는 것은 점점 어려워지고 있다. 한동안 '연애, 출산, 결혼'을 포기하는 3포 세대란 말이 유행하더니, 요즈음엔 '인간 관계와 내 집 마련'이 더해진 5포 세대란 말이 생겨났다. 이제 한국의 젊은이들이 이 책을 통하여 한옥을 만드는 정교함과 미적 감각 그리고 집을 바라보는 시인의 다양한 시각과 사유를 통하여 새로운 아이디

아파트와 함께 단독주택도 활성화되었다. 시기에 따라 달라진
지붕의 형태도 재미있다.
1. 정인국 교수 자택 스타일의 ㅅ자 지붕(지순 설계) 2. 강명구
교수 자택의 뾰족지붕 3. 이태원 아치형지붕 4. 태양열지붕 5.
만사드지붕 6. 수서 쟁골마을에 건축된 원구형지붕 7. 만화가
허영만의 다락방.(3, 5, 6, 7은 필자의 설계 작품)

어를 창출하고 이를 창업의 모태로 삼아 웅혼한 민족혼을 세계에 떨치기를 소원한다.

요즈음 유행하는 다세대주택.

사람은 집을 만들고, 그 집은 사람을 만들어간다

지금까지 한민족이 한반도에 뿌리내린 후 전쟁과 산업화 과정을 거치면서 집의 변화를 주마간산走馬看山 격으로 살펴보았다. 이는 한옥에 관한 책이라 해도 국민의 절반 이상이 살고 있는 아파트와 대부분의 양옥을 외면할 수 없기 때문이다. 반가운 일은 지금 우리가 한옥에 대하여 다시 눈을 뜨고 있다는 사실이다. 이는 한옥의 재료인 나무와 흙, 온돌이 갖는 건강 효과와 외형의 멋 때문이다. 그 외에도 건축기술과 재료의 발전으로 방을 넓힐 수도 있고, 단열도 좋아지고 프라이버시에 대한 것도 소통으로 인식이 바뀌어가고 있기 때문이다.

영국의 윈스턴 처칠*은 "사람은 집을 만들고, 그 집은 사람을 만들어간다We shape our buildings, thereafter they shape us"고 했다. 현재 우리 국민의 절반 이상이 아파트에 살고 있지만 난방부터 방 배치까지 한옥의 전통을 이어받은 것을 일반인들은 잘 알지 못한다. 별다른 생각 없이 살아오던 집에 대하여, 이제부터 한옥에 대한 건축 지식을 바탕으로 시와 함께 관찰과 사색의 나들이를 떠나보자.

* 윈스턴 처칠(Winston Chuchil, 1874~1965)
2차대전 당시 영국 수상이며 역사적 글과 전기(傳記), 연설 등으로 노벨문학상을 수상하였다. 그림 솜씨도 탁월하였다.

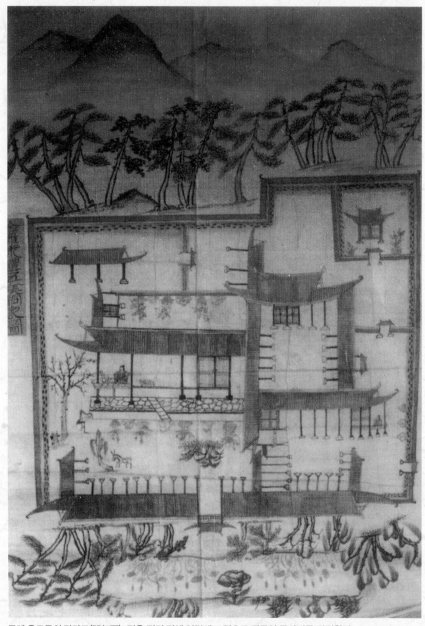

구례 운조루의 간가도(間架圖). 집을 짓기 전에 이렇게 그림으로 만들어 공사비를 견적한다.

터와
집짓기

우리네는 예로부터 풍수지리설에 의하여 음택陰宅인 묘와 함께 양택陽宅인 집터 고르기에 정성을 들였다. 풍수설은 기본적으로 배산임수背山臨水, 즉 뒷산이 있고 앞에는 물이 흘러야 하며, 좌청룡左靑龍 우백호右白虎로 낮은 산들이 좌우로 둘러싸야 한다. 뒷산은 조산祖山까지 높게 이어지고 앞쪽의 흐르는 물 건너편에는 안산이 적절한 시야에 앉아 있는 남향받이를 좋은 터로 여겼다. 이러한 집터는 모양새形局에 따라 금계포란형金鷄抱卵形이니 연화부수형蓮花浮水形이니 하여 여러 가지 동식물 형태로 분류하여 길지吉地를 따졌다.

이중환은 〈택리지〉에서 '집터의 제일은 지리地理*이고, 다음은 생리生利와 인심人心 그리고 마지막이 산수山水라 하였다. 이 네 가지 중 하나라도 빠지면 좋은 터라 할 수 없다고 하였다. 풍수도참설을 주장하는 사람들과는 다른 차원이다.

물에 떠 있는 연꽃 모양의 연화부수형 마을인 안동 하회마을.
서울의 경우, 강동은 연화부수형이고 강서는 잠룡입수형, 강남 압구정동은 금계포란형으로 본다.

＊지리는 땅의 생긴 모양과 형편으로 산, 물, 들의 생김새와 위치. 생리는 생활하는 도리로 재산을 늘리는 곳이 좋고, 인심은 동네 사람들의 마음을 말한다.

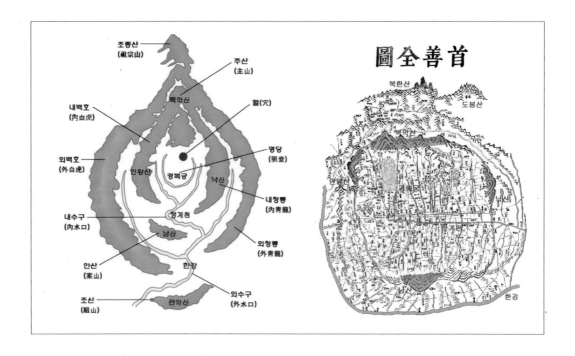

전통적인 풍수지리의 기본도(왼쪽)에 서울 지형의 붉은 글씨를 대입하였다. 오른쪽의 수선전도는 김정호의 대동여지도 중 한양(서울)이다. 노란색의 경복궁을 중심으로 한 좌청룡(左靑龍), 우백호(右白虎), 주작(朱雀), 현무(玄武)가 한눈에 명당임을 보여준다. 동양에서는 임금이 북쪽에서 남쪽을 향해 앉는다. 따라서 임금의 왼쪽이 좌청룡 낙산이 되고 우측이 우백호 인왕산이 된다.

"100냥으로 집을 짓고 900냥으로 이웃을 산다"란 속담이 있다. 이는 1,000냥을 마련하여 집을 지을 적에 건축비는 10퍼센트만 사용하고 나머지는 이웃의 인심을 얻기 위해 쓴다는 말이다. 선조들이 얼마나 이웃을 중시했는지 알 만하다. 옆집과 제대로 된 인사조차 없이 지내는 현대엔 상상할 수 없는 일일지 모른다. 그러나 현대인에게 성공의 요건은 학벌이나 실력이 아니고 86퍼센트가 인간관계라는 통계를 보면 선조의 지혜는 지금도 빛나고 있다.

100냥으로 집을 짓고 900냥으로 이웃을 산다

국민시인 김소월은 "들가에 떨어져 나가 앉은 메 기슭의 / 넓은 바다의 물가 뒤에"*나 "뜰에는 반짝이는 금모래 빛 / 뒷문 밖에는 갈잎의 노래"**가 들리는 곳을 원했고, 〈풀따기〉에서는 "우리 집 뒷산에는 풀이 푸르고 / 숲 사이의 시냇물, 모래바닥은 / 파아란 풀 그림자"로 자신의 집을 그렸다. 이렇게 전원의 집을 소망하는 것은 같은 시대를 살아온 김동환, 김광섭의 시에서도 찾을 수 있으며, 원산이 고향인 김동명은 바다가 보이는 솔밭에 터를 잡고 싶어 한다. 도시를 향한 동경이 컸을 그 시대의 젊은 시인들이 전원생활을 그리워하고 있는 것이다.

풍수지리설은 한국의 기후와도 밀접한 관계가 있다. 남향받이는 겨울에 햇빛이 깊게 들어 따뜻하고 여름햇살은 깊지 않다. 그뿐 아니라 시베리아 쪽에서 불어오는 북풍한설北風寒雪을 뒷산이 막아주므로 따스한 겨울을 날 수 있는 것이다. 앞에 냇물이 있으면 농사 짓기에 매우 유리하다. 인류의 문명은 모두 강에서 시작하였다.

집 한 채, 한 채도 중요하지만 마을도 예외가 아니다. 어느 고을이나 '양짓말'이란 마을이 있다. 햇볕 잘 드는 남향받이 마을이다. 1980년부터 2002년까지 방영한 최장수 주간 드라마 〈전원일기〉의 양촌리란 지명을 우리말로 하면 양짓말인 것이다. 조선 창업 공신이며 학자인 권근 선생의 호가 양촌陽村이다. 그의 고향 동네 이름 '양짓말'을 한자화한 것이다.

개인의 집이나 마을이 그럴진대 행정청이 있는 조선시대 주州, 군郡, 현縣과 수도 한양(서울)은 말할 필요가 없다. 서울은 북악산을

김소월(1902~1934, 평북 구성)
본명 김정식 『진달래꽃』『못잊어』『산유화』『먼후일』.

*〈나의 집〉
**〈엄마야 누나야〉

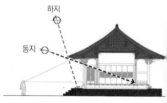

남향주택의 여름과 겨울 햇살.

주산으로 하고 우백호右白虎가 인왕산이며 좌청룡左青龍이 낙산이다. 남산이 안산이고 그 사이를 청계천이 서쪽에서 동쪽으로 흐른다. 이를 좀 더 확대하면 외주산은 북한산이 되고, 좌청룡 우백호는 용마산과 덕양산(행주산성)이 된다. 외안산은 관악산이고 그 사이를 한강이 동에서 서쪽으로 흐르고 있다. 겹겹이 둘러싸인 명당 길지이다.

서울 외에도 공주에는 금강, 청주에는 무심천, 충주에는 남한강 하는 식으로 물과 산이 근접해 있다. 그렇기에 남산이란 지명은 고을마다 거의 다 있게 마련이다.

옛이야기 지즐 대는 실개천, 그곳이 바로

이제 정지용의 〈향수〉와 함께 부모와 살던 옛 동네로 돌아가보자. 향수는 1927년 정지용이 일본 유학 중에 고향을 그리며 발표한 시이다. 뮤지컬 〈살짜기 옵서예〉를 작곡한 김희갑이 곡을 붙이고 서울대 음대 교수인 박인수가 가수 이동원과 함께 불렀는데, 이로 인하여 박 교수는 클래식을 모독했다는 이유로 국립 오페라단에서 제명되는 수모를 겪었다. 그러나 음반은 200만 장 이상이 팔리는 공전의 히트를 쳤고, 200회 이상의 공연을 하는 등 열광의 도가니였다. 이는 〈향수〉가 그리는 고향 풍경을 모두 공유했기 때문이다. 정지용의 〈향수〉는 국민 모두의 향수이며, "차마 꿈엔들 잊힐리" 없는 고향의 정취였던 것이다. 노래 때문에 시가 유명해진 대표적인 케이스이다.

넓은 벌 동쪽 끝으로

옛 이야기 지즐 대는 실개천이 휘돌아 나가고

얼룩배기 황소가 / 해설피 금빛 게으른 울음을 우는 곳

그 곳이 차마 꿈엔들 잊힐 리야.

질화로에 재가 식어지면, / 비인 밭에 밤바람 소리 말을 달리고,

엷은 졸음에 겨운 늙으신 아버지가 / 짚베개를 돋워 고이시는 곳.

그 곳이 차마 꿈엔들 잊힐 리야.

흙에서 자란 내 마음 / 파아란 하늘빛이 그리워

함부로 쏜 화살을 찾으러 / 풀섶 이슬에 함초롬 휘적시던 곳.

그 곳이 차마 꿈엔들 잊힐 리야.

전설傳說 바다에 춤추는 밤 물결 같은

검은 귀밑머리 날리는 어린 누이와

아무렇지도 않고 예쁠 것도 없는,

사철 발 벗은 아내가

따가운 햇살을 등에 지고 이삭 줍던 곳.

그 곳이 차마 꿈엔들 잊힐 리야.

하늘에는 성근 별

알 수도 없는 모래성으로 발을 옮기고,

서리 까마귀 우지 짖고 지나가는 초라한 지붕,

흐릿한 불빛에 돌아앉아 도란도란 거리는 곳.

그 곳이 차마 꿈엔들 잊힐 리야.

정지용(1902~1950, 충북 옥천)　　　정지용 〈향수〉

옥천 정지용 시인의 생가.
ⓒ 박무귀

　　〈향수〉는 처음엔 고향 동네의 모습을 그리고 이어서 아버지와 누이와 아내 등 가족 구성원의 일상을 살핀다. 그리고 마지막에는 초라한 지붕과 흐릿한 불빛 속에서도 '도란도란' 가족의 사랑을 노래하고 있다. 사람들만 서로 도란거릴까? 아니다. 동네 집들도 이웃한 집들과 서로 이야기를 한다. 토박이 어부들이 사는 어촌은 옆집 숟가락이 몇 개인지 알 정도로 다정한 이웃들이 살고 있다. 아쉽게도 세월이 흐르면서 도시 사람들의 별장이 들어서고 음식점과 찻집이 들어서면서 이런 어촌의 풍경이 퇴색된 곳들도 꽤나 있지만 말이다. 박형권 시인은 내륙 옥천 출신인 정지용 시인과 달리 마산 바닷가에 산다. 바닷가 동네 집들의 이야기를 들어보자.

토박이 어부들이 사는 어촌.
ⓒ 김영식 건축사

우리 동네 집들이 말을 한다

좋은 사이들이 가만히 눈매를 바라보는 것처럼

손끝으로 입을 가리는 것처럼

겨드랑이를 쿡 찌르고 깔깔대는 것처럼

우리 동네 집들이 말을 한다

파란 대문 집은 아직 아버지가 바다에서 돌아오지 않아서

외등을 켜고

군불 때는 집은 쇠죽 끓이는 소리로 오래된 말을 한다

옥상에 노란 수조가 있는 집은 취직 시험 볼 삼촌이 있어서 옥탑 방

이 하얗게 말을 한다

오랫동안 살을 맞댄 이웃집들은 오래된 부부처럼 닮아간다

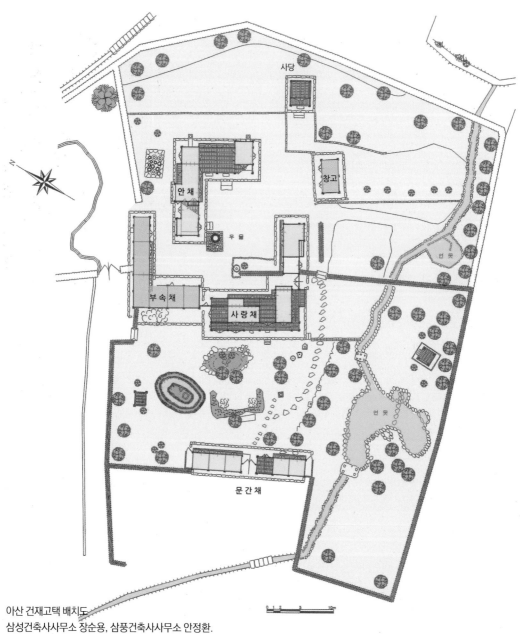

사당

창고

안채

우물

부속채

사랑채

연못

연못

문간채

N

아산 건재고택 배치도
삼성건축사사무소 장순용, 삼풍건축사사무소 안정환.
ⓒ 대한건축사협회, 『민가건축』

0 1 3   5   10m

된장 맛이 같아지고 김치 맛이 같아지다가

우리 담장 허물까 한다 / 그러다가 한 방 쓸까 한다

돌아설 수밖에 어려운 처지에서는 등으로 말을 한다

뒤란으로 말을 하다가 거기 목련 한 그루 심어둔다

골목 하나 사이에 두고 마주한 집들은 / 활짝 열린 입술로

키스 할까 말까 오랫동안 망설이다 문을 열고 사람이 나와

골목을 쓸면서 / 잘 잤어? 하는 것은

사람이 집의 혀이기 때문이다

집들이 하는 말 중에서 가장 달콤하게 들리는 것은

우리 불 끌까?이다

밤에 집이 하는 말을 들으려고 옥상에 귀 기울이면

거기거기 하는데

우리 동네 밤하늘이, 반짝반짝 별들이 그런 밤에는 불끈불끈 자란다

우리 동네 집들은 다른 동네 집들보다 조금 크게 말을 한다

바다에서는 목청껏 말해야 파도 소리를 넘을 수 있기에

그런 어부 새벽마다 낳아야 하기에

배에 힘 가두고 출렁인다.

박형권(1961~, 부산)
『우두커니』, 실천문학사.

박형권 〈우리 동네 집들〉

안채와 바깥채, 몸채와 거느림채, 별당, 사당, 정자

인류의 주거는 자연 동굴로부터 시작하여 수혈 주거를 거쳐 땅

집 뜰에 심은 한두 그루의 나무를 통해 앞산의 숲을 끌어들이는 차경은 한국 조경의 특징이다.
ⓒ 대한건축사협회, 『민가건축』

위에 집을 짓는 것으로 발전하였다. 가장 작은 공동체인 한 가족이 자고, 먹고, 쉬는 삶의 기본적 욕구를 충족하기 위한 집은 한 공간에서 차츰 기능별로 분화되었다. 한옥의 경우 부엌, 방, 마루가 분화되어 기본 정형을 갖게 되었다. 이러한 한옥의 기본 형태는 식구와 재산이 늘어나면서 이후 ㄱ자나 ㄴ자 형태의 고패집이 되고, 다시 ㄷ자나 ㅁ자 형태로 발전하여 왔다.

지배 계층인 양반가에는 처음부터 계획하여 필요할 때마다 집채를 더 지었는데, 위치에 따라 안채와 바깥채, 앞채와 뒤채, 몸채와 거느림채, 별채와 딴채 등으로 구분하였다. 하인들이 사는 행랑채는 우리말로 워락이라 한다. 먹을 것과 잘 곳 없는 사람들이 주인집 일해주면서 사는 설움 많은 행랑살이하는 곳이기도 하다. 거기에 별당, 정자, 사당 등 부대건물을 더하였다.

이러한 형태는 지역이나 필요에 따라 조금씩 다르게 건축되었다. 다만 어느 집이나 지형을 깎거나 돋우는 변형 없이 가능한 한 자연 그대로인 상태에서 건축하려 했다. 서양의 건축이 자연을 정복하고 인공적으로 조형미를 추구하는 데 비하여 한옥은 자연과 조화를 이루고 하나가 되는 건축관을 갖고 있다. 이는 밖의 자연경치까지 내 것으로 만드는 차경借景을 사용하며 나무에 손대지 않는 한국정원과 담 안에 가두고 다듬는 중국과 일본의 정원을 비교해 보면 극명하게 그 차이를 알 수 있다.

윤증고택 사랑대청에서 본 월지.
ⓒ 대한건축사협회, 『민가건축』

우리가 살아왔던 대부분의 집은 크고 화려한 것이 아니었다. 선조들은 집의 규모와 위치에 따라 다양한 이름을 붙여 놓았다. 작고 낮은 초가는 오두막집 또는 옴팡집이라 했으며 거기서 사는 살림살이가 오막살이이다. 도끼집은 제대로 된 연장을 안 쓰고 도끼 같은 것으로 거칠게 지은 집이고, 움을 파서 지은 집은 움파리 또는 움집이라 한다. 집의 구조가 알뜰하고 쓸모 있게 지어진 집은 처녑집이고 마당이 없고 안이 길에서 들여다보이는 보잘것없는 집은 외주물집이라 한다. 길가에 있으면 길갓집이고 들어가 있으면 안침집이다. 똑바로 건너다보이는 곳에 지은 집은 과녁빼기집이고, 모두가 꺼려하는 상두받이집이란 상여가 대문을 정면으로 마주친 다음에 돌아나가는 집을 말한다. 집 이름 하나하나가 재미있게 지어졌다.

담이 없고 길에서 들여다보이는 외주물집.

길가에 있는 길갓집.

복잡한 설계과정 없는 시인들의 집짓기

집을 짓기 위해서는 우선 지목地目이 대지인 땅이 있어야 하며, 건축사사무소에서 건축사에게 설계를 의뢰한 후, 설계도서가 완료되면 국토부와 해당관청에 도면과 허가신청서를 접수한 후 건축허가를 받아야 한다. 한편 설계도서를 가지고 여러 시공회사에게 견적을 의뢰한 후 적절한 회사와 시공계약을 체결하고 공사를 시작한다. 공사 중에는 건축사가 감리를 하게 되며 공사가 완료되면 허가관청에 사용 승인을 신청하고, 사용 승인 후 등기절차를 마침으로써 재산권을 행사하게 된다. 집을 지을 계획이 있으면 반드시 건축사 사무소의 건축사와 의논해야 한다. 집장수 시공업자나 대지를 구입한 부동산 중개소 등을 통하는 것은 비정상적인 것으로 추후 분쟁을 초래하고 만족할 만한 집을 짓기가 어렵다.

문장으로는 쉽지만 건축설계과정과 공사과정은 복잡하다. 설계만 하여도 건축사 외에 전기, 기계, 토목, 조경 등 각 분야의 기술사들이 협력해야 하고, 허가에선 통상 10여 개 이상 부서들의 협의와 승인 등 복잡한 과정을 거쳐야 한다. 시인들은 어떨까.

비바람 막아주는 지붕
지붕을 받쳐주는 네 벽
네 벽을 잡아주는 땅
그렇게 모여서 집이 됩니다.

따로 떨어지지 않고,
서로 마주 보고 감싸 안아
한집이 됩니다.
아늑한 집이 됩니다.

강지인 〈집〉

강지인(1969~,)
동시집 『할머니 무릎 펴지는 날』,
청개구리.

한옥의 구체에는 못을 쓰지 않는다

건축은 유기적이지 않으면 부실건물이 된다. 벽돌집처럼 벽체가 힘을 받는 집은 벽돌을 엇갈리게 쌓아야 힘을 받고, 목조인 한옥은 기둥과 보, 도리 등이 해체되지 않도록 장부나 촉을 이용해 사개를 맞춤으로 튼실한 집이 된다. 시인은 집도 가족도 마주보고 감싸안아야 튼튼해진다는 공통점을 집짓기로 표현하였다. 아동문학가인 강지인 시인은 어린이에게도 교육적이지만 어른에게도 가정을 다시금 돌아보게 하는 시를 노래하고 있다.

골조와 서까래 부연까지 목공사가 일단락된 모습.

　다시 집짓기 이야기를 조금 더 붙여보자면, 집을 짓기 위하여 터를 잡은 후, 기단을 만들면 기둥자리에 주초柱礎를 놓는다. 이러한 초석은 돌을 가공한 다듬돌초석과 자연석초석으로 대별된다. 다듬돌초석은 형태에 따라 원형, 방형, 사다리형, 고복형 등 다양하며 문양을 새긴 것도 있는데, 궁궐, 관아, 사찰건축에 주로 쓰였고 민가의 경우에는 상류주택에서 부분적으로 쓰였다. 자연석초석은 산에서 나오는 돌을 그대로 쓰며, 덤벙주초라고도 하는데, 한옥의 대부분에 사용되었다.

　주초 위에 기둥을 세우고 나면 보와 도리로 구조체를 완성한다. 만드는 과정은 못을 쓰지 않고 장부와 촉을 이용하여 짜 맞춘다. 그렇기에 지진 등에 강하고 천년을 버티는 견고성을 갖고 있다. 장부와 턱은 서로 완벽하게 오차 없이 맞아야 한다. 그렇기 때문에 장부 이름과 턱의 이름도 메뚜기장부니 연귀턱이니 하여 종류가 많고, 부재와 위치에 따라 가장 적합한 것을 사용한다. 구체가 완성되면 서까래를 얹고 기와를 얹어 지붕을 만들고 벽과 문, 온돌을 깔고 굴뚝으로 만든 후에 마지막으로 문을 단 후 창호지를 바른다. 이 모든 과정이 끝나고 나면 비로소 어머니 품 같은 한옥이 완성된다.

열장이음　나비은장이음　圓頭은장이음

좌측 주먹장이음은 무재끼리 홈을 파서 이은 것이고 중간과 우측의 부재는 맞이음 한 후 다른 나무로 촉을 만들어 안 빠지게 끼운 것이다. 아래 그림은 메뚜기장이음이다.

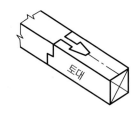

톱대

한옥의 집짓기

1. 주춧돌 놓을 자리를 달구질로 단단하게 한다.ⓒ 금성건축 2. 기둥과 도리가 놓인
모습. 3. 기둥 위에 새 날개 같은 익공(翼工)을 얹었다. 기둥과 보와 도리가 결구된 모
습. 4. 기둥머리에서 창방과 보가 만날 때 쓰이는 사개맞춤이다. 이는 기둥머리뿐 아
니라 가구 등을 만들 때에도 쓰인다. 5. 한옥은 이렇게 부재가 서로 빠지지 않도록 장
부나 촉을 이용하고 구조체에 쇠못을 쓰지 않는다. 6. 골조가 완성되면 벽을 치고, 온
돌을 놓고 마루판을 깐다. 마지막으로 문을 단 후 창호지를 바르면 어머니 품 같은 한
옥이 완성된다. ⓒ 최상철 건축사

달빛과 풀벌레소리로 벽과 천장을 만들고

그는 황량했던 마음을 다져 그 속에 집을 짓기 시작했다

먼저 집 크기에 맞춰 단단한 바탕의 주춧돌 심고

세월에 알맞은 나이테의 소나무 기둥을 세웠다

기둥과 기둥 사이엔 휘파람으로 울던 가지들 엮어 채우고

붉게 잘 익은 황토와 잘게 썬 볏짚을 섞어 벽을 발랐다

벽이 마르면서 갈라진 틈새마다 스스스, 풀벌레 소리

곱게 대패질한 참나무로 마루를 깔고도 그 소리 그치지 않아

잠시 앉아서 쉴 때 바람은 나무의 결을 따라 불어가고

이마에 땀을 닦으며 그는 이제 지붕으로 올라갔다

비 올 때마다 빗소리 듣고자 양철 지붕을 떠올렸다가

늙으면 찾아갈 길 꿈길뿐인데 밤마다 그 길 젖을 것 같아

새가 뜨지 않도록 촘촘히 기왓장을 올렸다

그렇게 지붕이 완성되자 그 집, 집다운 모습이 드러나고

그는 이제 사람과 바람의 출입구마다 준비해 둔 문을 달았다

가로 세로의 문살이 슬픔과 기쁨의 지점에서 만나 틀을 이루고

하얀 창호지가 팽팽하게 서로를 당기고 있는,

불 켜질 때마다 다시 피어나라고 봉숭아 바른 꽃잎도 넣어둔

문까지 달고 그는 집 한 바퀴를 둘러보았다

못 없이 흙과 나무, 세월이 맞물려 지어진 집이었기에

망치를 들고 구석구석 아귀를 맞춰 나갔다

토닥토닥 망치 소리가 맥박처럼 온 집에 박혀들었다

소리가 닿는 곳마다 숨소리로 그 집 다시 살아나

하얗게 바랜 노인 그 안으로 편안히 들어서는 것이 보였다

길상호(1973~, 충남 논산)
『오동나무 안에 잠들다』,
문학세계사.

길상호 〈그 노인이 지은 집〉

시인은 "집이라는 것이 사람과 자연을 이어 주는 매개체가 될 수
도 있어야 한다는 사실을, 삶을 아름답게 완성하고 다시 자연으로
돌아가기 위해서는 누구나 그런 집 한 채 마음속에 지어 놓아야 한
다는 사실을" 깨닫는다.

그는 "고향의 집이 지금에 와서 아름답게 느껴지는 이유는 그 안
에 자연이 구석구석 스며 있기 때문이다. 어떠한 상처를 가진 사람
도 내치지 않고 자신의 품에 안아 치유해주는 게 자연의 힘 아니던
가! 그런 고향집의 이미지를 떠올리다 보니 시를 통해서 완성하고
싶었던 집의 모습이 순식간에 그려졌다"면서 "시로 집을 지어 놓고
누구를 가장 먼저 초대할까 고민을 하다 보니, 많은 풍상을 겪은 아
버지였기에 '하얗게 바랜 노인'이 집 안에서 하루라도 편안하시길
바라며 시의 마지막 문장을 끝냈다"고 시의 배경을 밝히고 있다.

"세월에 알맞은 나이테의 기둥"이나, "가로 세로의 문살이 슬픔
과 기쁨의 지점에서 만나 틀을 이룬다"는 시어에서 독자는 감동을
느낄 것이다. 건축사로서 놀라운 것은 집 짓는 과정을 완벽하게 시
로 완성한 점이다. 한옥 구조에 대한 이해 없이는 쓸 수 없는 시라
는 생각이다. 한국건축사는 공부하지만 한옥을 떼어내서 별도로 공
부하지 않는 한국 대학들의 건축학과 현실을 돌아볼 필요가 있다.

시인은 달빛과 풀벌레 소리로 벽과 천장을 만들었지만, 사실 집
짓기에 필요한 제일 중요한 것이 목재이다. 그중에서도 소나무가

종친부 옥첩당의 주춧돌 놓기.
© 김상식 건축가

* 2고주 5량가

마루도리
대공
중도리
중도리
주심도리
주심도리
외목도리
외목도리
뒷보
종보
고주
평주

으뜸으로 꼽힌다. 그러나 곳곳의 금송禁松정책으로 굵고 곧은 나무를 구하기가 쉽지 않았다. 휘어진 목재를 그대로 사용한데는 이런 사유도 있다. 흙은 멍개, 모래, 진흙을 썼으며 석비례와 모래 그리고 강회를 섞어 만든 삼화토는 요즈음 콘크리트 강도를 가졌다. 충남 덕산에 있는 흥선대원군 아버지 묘를 파헤치던 오페르트는 바로 이 삼화토가 관 위를 감싸고 있었기 때문에 도굴에 실패하였다. 강회와 이를 구워 만든 석회도 주요한 재료였다. 석재는 전국에 있는 질 좋은 화강석이 사용되었고, 철은 삼한시대부터 중국보다 그 질이 좋았다.

한옥의 구조체. 외목도리를 제외한 도리수가 주심도리 2, 중도리 2, 마루도리 1이다. 합쳐서 5이면 5량가라 한다. 기둥 네 개 중 가운데 두 개가 높다. 따라서 이 집은 2고주(高柱)5량가이다. 집이 크면 도리 수가 7 또는 9로 늘어난다. 외목도리는 서까래를 지탱하는 보조재로서 구조재가 아니기 때문에 셈에 넣지 않는다.

큰 집은 무덤에 이르고 작은 집은 좋은 일을 부른다

홍만선의 『산림경제山林經濟』에 보면 집에 대한 선조들의 생각을 알 수 있는데, 몇 가지만 추려보자.

그는 "집의 형상이 '일日·월月·구口·길吉'의 글자처럼 한즉 좋고, '工공·시尸'의 형상이면 불길하다"고 했는데 한옥마을들을 돌아볼 때 어떤 글자로 배치했는지 알아보는 것은 또 하나의 즐거움이 될 것이다. 또 "배치에서 문·창·벽이 서로 마주 보도록 함은 불리하다"고 하였는데, 이는 지금도 프라이버시 때문에 적용하고 있다.

집은 커야 24간이니 아파트로 치면 60평형대가 될 것 같다. 지금의 핵가족 형태로는 매우 큰 것이지만 3대가 같이 사는 것으로는 결코 크지 않다. 예부터 "큰 집은 무덤에 이르고 작은 집은 좋은 일을 부른다"고 하였다. 실제로 사람이 쓰지 않는 방은 공기부터 다르다. 그렇기 때문에 집에 빈방이 있는 것은 좋지 않다. 집은 사람의 체온이 있고 손이 닿아야 제 꼴을 유지한다. 빈집이 빨리 폐가가 되는 이치이다. 집이 작다고 불평할 일이 아니다.

하지만 어린이들은 '내가 살고 싶은 집'을 그리라고 하면 궁전을 만든다. 상상 속의 집이야 어린이들의 꿈이니 아무리 커도 아름다울 뿐이다.

하얀 도화지에
내 집을 지어볼까

빨간 지붕과 둥근 창문

축구도 하는 넓고 푸른 마당

창가엔 별 하나 걸어 놓고
뒤뜰에는 사과나무도 있어야겠지.

강아지도 세 마리쯤 키우고
예쁜 꽃도 심어야지.

마지막에 커다랗게 나를 그릴 거야,
바로 내가 이집 주인이니까.

신복순 〈내 그림〉

대한건축사협회 광주건축사회의
'내가 꿈꾸는 집' 그림 그리기 대
회 수상작. 어린이의 순진무구한
꿈이 들어 있다.

신복순(1965~, 경북 경산)
동시집 『고등어야 미안해』, 청개
구리.

위성 GPS도 찾지 못하는 나의 HOME

가난한 젊은 시인은 내 집이 없기에, 인터넷에서 마우스로 딸깍
딸깍 두드리면 대문이 열리고 꽃밭이 가득한 번지 없는 '즐거운 나
의 집'을 컴퓨터 화면에 짓고 있다. ICT시대에 사는 우리는 가상현
실에 마음을 빼앗기기도 하고 대리 만족을 얻기도 한다.

건축설계 도서가 컴퓨터의 전문가용 소프트웨어에 의하여 작성
된 지는 오래다. 요즈음은 일반인도 컴퓨터에 깔린 기본 프로그램
만 가지고도 마음에 드는 집을 그려볼 수 있을 정도로 발전하였다.
그뿐 아니라 퇴근하면서 완성한 도면을 3D 프린터에 작동시키면

아침에 출근해서 모형을 볼 수 있게 된 지도 7~8년 가까이 된 것 같다.

여우도 굴이 있고, 새들도 둥지가 있는데
세상에 나서 어디 제 집 한 칸 갖기가 쉬운 일인가
인터넷 무료계정으로 세운 나의 HOME
마우스로 딸깍 딸깍 한두 번만 두드리면 대문이 열리고
바탕화면엔 꽃밭이 가득!
(중략)
두 세평 남짓한 월세방 원룸에 눕는 밤이면
호적에도 주민등록증에도 없는
위성 GPS도 찾지 못하는 나의 HOME,
(중략)
나이 서른여섯에 처음으로 가져보는 방 한 칸

창을 열고 밖을 내다보면
캄캄한 인터넷 밤하늘의 공기가 참 맑다

최금진(1970~, 충북 제천)
『새들의 역사』, 창비.

최금진 〈즐거운 나의 집〉 중에서

불혹不惑의 집

우리는 어린이들의 순진무구한 그림 속의 집과 컴퓨터로 나의

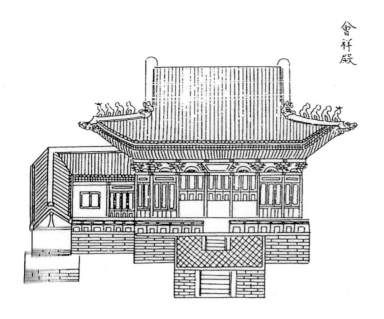

會祥殿

궁궐건축도면인 간가도(間架圖).
집짓기장의 표지인 구례 운조루
의 그림도 간가도이다.

집을 만들고 있는 젊은 시인의 시를 감상하였다. 그렇다면 가정을
가진 중년의 시인은 어떤 집을 원할까?

이제 고생한 아내가

뜨끈뜨끈히 허리를 지져낼 방이 / 있을 거야 그 집엔.

이제 여드름 발갛게 돋는 아들이

저만의 그리움을 살찌울 방이 / 있을 거야 그 집엔.

먹기와를 얹고 황토맥질을 하고 / 봉창도 하나쯤 뚫어서

바깥으로 귀 열어놓은 그 집엔

한밤 자지러지는 풀벌레 소리 함께

천지天地를 실컷 읽을 수 있는 / 자그마한 서재도 하나

홍성 사운고택 안채.

영천 산수정.

딸려 있을 거야. 사시사철의
꽃보라와 초록바람,
새소리와 숫눈송이 들락거려도
세상의 우풍에 늘 시달릴
아름드리 기둥이며 주춧돌 하나는
튼튼할 그집,

(중략)

밤마다 먼 데서 기적이 울면
그리움도 드맑게 드맑게 솟아서
달빛은 마당에 출렁거리고
무명無明의 마음은 또
푸르고 푸른 참대를 하나 얻어서
창호문에 댓잎을 가득
칠 거야. 그리고 뒤란 대밭 속의
새암물이 날로 정정해지고,
또또 뜨락의 손바닥만 한
화답에서 들국화 흰 서리 쓰고
깊어진 계절의 내 영혼을 쓸면
푸르고 높은 무슨 사상 하나
또글또글한 알밤톨처럼 태어나서
토방 아래로 또르르
구를 거야. 그러면 그러면 이제
그걸 주워든 아들녀석은 빙그레 웃곤
그 눈 하나에 우주의 빛을 다 담은

다람쥐에게 살짝 굴려줄 거야. 정녕

그러고도 남을 거야 그 집에선.

고재종(1957~, 전남 담양)
『앞강도 야위는 이 그리움』, 문학
동네.

고재종 〈불혹의 집〉

불혹不惑은 나이 40을 가리킨다. 시인은 고생하는 아내의 피로를
풀 방과 아이들의 꿈을 키울 방, 그리고 작은 나만의 서재를 원하
고 있다. 서울 같은 대도시에서는 꿈도 꾸기 어려운 것이 독립주택
이지만 조금만 마음을 바꾸면 근교에 마련할 수 있는 소박한 집이
다. 최근 들어 마음 맞는 친구들끼리 변두리로 나와 2세대 연립주
택을 짓는 것이 유행하는 것도 이런 맥락인 것이다.

지천명知天命의 집

지천명 몸무게로
허공에 작은 한옥 한 채
짓는다
툇마루 있는 서재에서
남창으로 들어오는 햇살로
긴긴 소설을 엮다가

밤이면
부엉이처럼 혼자 울어도 좋을

하나 온전히 내 것으로

만든다

복닥거리는 사람 없이

혼자 몸 누이고

혼자 먹으며

혼자 시를 쓸 그곳에

이슬차 향기 가득 채우고

볕 좋은 마당에 심어놓은

겹동백 두어 그루

겨울 한날 꽃피우게 하면

행복하게 잠들 것을

　뚜닥뚜닥

기둥 세우는 환청소리

벌써 대들보 위로 청기와

올려진다

목필균
『엄마와 어머니 사이』, 오감도.　　　목필균 〈내 안의 집〉

　　나이 50세, 지천명知天命의 시인에겐 아이들이 없다. 장성하여 독
립하였는지, 혼자 글 쓸 수 있는 작은 기와집 한 채를 짓고 있다.
"돈이라고는 안 되는 시업詩業"이 직업인 시인들에게 나의 집 마련
은 다른 직업군에 비하여 더 어려울지도 모른다. 그러나 이렇게 꿈

꾸는 나의 집을 그릴 수 있고, 집 없는 사람에게 포근한 마음을 안겨줄 수 있는 것으로 위안을 삼을 수 있을 것이다.

꿈에 부푼 젊은 시절의 허황된 꿈을 빗대어 "하룻밤에도 기와집을 여럿 짓는다"고 한다. 그러나 이런 것과는 거리가 먼 아름다운 꿈으로 지은 집이 있다. 고인이 된 남편과 혼전 데이트를 하며 꿈꾸었던 〈우리들의 집〉으로 가보자.

이순耳順의 집

누구나 사랑하는 이와 처음 손을 잡았을 때는 '전기가 찌르르' 오는 전율을 느낀다. 그러한 흥분은 날이 갈수록 가라앉고 따스하고 포근함으로 바뀐다. 아래의 시는 겨울날, 사랑하는 "남자의 코트 주머니 속에서 두 손이 마주 잡히는" 순간을 "따뜻한 집 한 채가 지구 위에 우뚝 세워졌다"고 표현한다. 그러나 이 시는 20대의 시인이 쓴 것이 아니다. 위에 열거한 40대, 50대를 지나 60대에 쓴 사부곡이다.

사운고택 사랑채.

자신의 코트 주머니 속으로 내 손을 가져가는 남자
두 손이 마주 잡히는 그 순간
따뜻한 집 한 채가 지구 위에 우뚝 세워졌다
그 캄캄한 주머니 속에 환하게 서로 웃으며
마주보는 손과 손의 열리는 문
그 집에 들어서면

그 남자의 가슴 그 남자의 고뇌

그 남자의 시린 밤이 내게 건너왔다

내 축축한 침묵도 흘러갔을 것이다

건너오고 건너가고 그리하여

붉은 강물이 서로 마주 보며 흘러갔을 것이다

영하의 거리에서 우리가 맨손으로 지어 올리는

빛나는 겨울 궁궐

짐승들이 겨울나기 동굴 속으로 기어들 듯

그의 주머니 속에 백 년 살 듯

두 손이 마주 보며 영원을 지어 올리는 밤

나는 문득

김이 무럭무럭 나는 하얀 밥을 짓고 싶어.

신달자(1943~, 경남 거창)
『열애』, 민음사.   신달자 〈우리들의 집〉

한민족과 소나무와 한옥

한민족이 한반도에 자리 잡은 것이 약 5,000년 전이며 소나무가 이 땅에 뿌리내린 것은 약 6,000년 전으로 보고 있다. 백두대간을 따라 퍼지기 시작한 소나무는 전국에 산재하는 대표적 수종이다. 그렇기에 북유럽이 자작나무 문화라면 일본이 편백나무 문화이며 한국은 소나무 문화이다.

60여 년 전만 해도 소나무가 없이는 우리의 삶 자체가 불가했다.

건축에서는 기둥과 대들보는 물론 서까래, 문짝까지 모든 집의 재료가 소나무였다. 시렁, 뒤주, 도마, 소반, 주걱 등 부엌살림살이부터 말, 되, 절구, 길쌈틀, 물레, 사다리, 쟁기, 벌통, 서안, 나막신 등 생산 및 생활 도구도 그러하였고 난방과 취사는 물론 죽어서 쓰는 관도 소나무였으니, 태어나서 죽을 때까지 소나무와 연관 없이 살수가 없었다.

앞산의 소나무를 내 정원으로 만들고자 차경수법으로 마당가에 심은 소나무 한 그루. 함양 정병호 댁. ⓒ삼성건축 장순용

소나무는 식품과 약용으로도 유효했다. 속껍질인 백피는 구황식품으로 쓰였는데, 필자도 어린 시절 물오른 소나무 작은 가지를 잘라 끈끈하고 달콤하며 떫떨한 맛의 송기를 먹곤 했다. 송화 가루는 사람의 기를 보하는 밀과를 만들고 솔잎은 가늘게 썬 뒤 갈아서 차와 죽의 재료가 되었다. 송진은 도료가 되었고 송연松烟은 먹의 재료가 되었으며 옹이는 횃불이 되고 튀어나온 복령은 효능 좋은 귀한 약재였다.

어디 이뿐이던가. 소나무 순으로 만든 술은 송순주요, 솔잎으로 만든 것은 송엽주이며, 풋 솔방울로 만든 것은 송실주라 하며, 옹이를 넣은 것을 송절주, 동짓날 밤 솔뿌리 넣은 술 단지를 소나무 밑에 묻었다가 이듬해 가을 꺼내 먹는 술은 송하주松下酒였다. 이러한 술은 소나무 특유의 향취뿐 아니라 약리 효과도 탁월하다. 일제 말 항공유가 부족한 일본은 큰 소나무 밑동을 톱으로 10여 층씩 상처 내어 송근유를 뽑아내기도 하였으니, 필자의 어린 시절에도 큰 소나무에는 톱질 자국이 선명하였다.

소나무는 신라시대 화랑도들도 식생에 노력을 경주하였고, 이후 조선시대에는 송충이구제와 식목에 많은 경비를 지출하였다. 경국대전 등 법령을 통하여 서울의 4대산을 비롯한 수백 곳을 풍치와

한옥은 배산임수(背山臨水)하여 자리를 잡음으로 행랑채가 낮고 안채가 높아 햇볕
이 잘 들도록 하고 있다. 위 사진은 양동의 향단(ⓒ 하늘이 아부지)으로 언덕을 자
연지세에 맞춰 층단을 이루어 건축하였고, 아래는 안동 양진당(ⓒ 대한건축사협
회, 『민가건축』)으로 평지에서 안채를 높혔다.

군선의 조선 및 사방 등을 위하여 금산 내지 봉산 조치를 하였다. 또한 숯 굽는 산과 땔감나무 심는 곳도 따로 지정하여 관리하였다. 경포 한송정 일대와 수원의 노송지대 등도 보호구역이었다.

소나무는 한민족의 정신이며 표상이다. 애국가의 가사 이전에도 십장생 중 하나요, 윤선도의 오우가에 등장하는 오우五友 중 하나이기도 하다. 소나무는 절개와 지조를 표상하여 성삼문을 비롯한 충신과 선비들의 시에 나타나고 대나무와 함께 혼례상을 장식하였다. 홍만선은 『산림경제』에서 "집 주변에 송죽을 심으면 생기가 돌고 속기를 물리칠 수 있다" 하였고 추사의 세한도는 정제된 필체로 문인화의 백미이다.

소나무는 적송赤松, 육송陸松, 해송으로 나뉘는데 건축용으로는 경북 봉화의 춘양목을 제일로 쳤으며 백두산과 강원도에서 뗏목을 이용하여 소나무를 운송하였다. 흔히 곧은 나무는 일찍 베어져 재목으로 쓰이고 굽은 나무는 쓸모없어 오래도록 남았다가 땔감으로 쓰인다지만 한민족의 경우, 목재가 귀하기도 하고 굽은 나무를 적절히 써야 할 곳도 많기에 꼭 맞는 말도 아니다. 이러한 굽은 소나무를 적재적소에 사용함으로써 한옥은 더욱 자연스럽고 아름다운 멋을 갖게 되었다.

요즈음 날씨가 더워지고 재선충 때문에 소나무가 점차 사라지고 있다. 향후 한옥이 소나무 아닌 다른 나무로 지어질 수도 있다는 것인데, 그래도 한옥의 아름다운 자연미가 살아날지 걱정이다.

어디에나 산재한 소나무 숲.

고향집

불과 40여 년 전만 하여도 우리나라는 농어촌 인구가 더 많았지만, 오늘 날은 어린아이 울음소리조차 듣기 어려울 정도로 노인들만 사는 곳이 되었다. 산업화가 가속되면서 서울을 비롯한 대도시의 인구가 폭발적으로 증가하였기 때문이다.[*] 그렇기에 지금도 명절 때면 부모님을 만나러가는 고향 길은 한바탕 북새통을 이루고, 방송사들은 '고향 가는 길'을 특집으로 명절 내내 교통상황을 방송한다. 서울-부산 9시간, 광주 6시간, 강릉 4시간 반, 평일보다 거의 두 배쯤 걸리는 지루함에도 "집으로 가는 길은 / 언제나 / 설렘이다. // 집으로 / 가는 길은 / 부푼 풍선 하나 / 들고 가는 길이다."[**]

[*] 1975년 인구 3,470만 명 중 6대 도시 인구 1,250만 명. 시(市)급 인구 총계 1,680만 명. 1980년 인구 3,745만 명 중 6대 도시 1,560만 명, 시급인구 총계 2,144만 명이었다.

[**] **이문조(1953~, 울산)**
〈집으로 가는 길〉

장독대, 창문, 뒤란, 웃음소리… 그리운 옛집

왜 그리도 마음이 풍선처럼 부풀어 오르는가? 오랜만에 뵙는 부모님과 일가친척들을 만나는 기쁨도 크겠지만 때 묻지 않은 동심으로 돌아갈 수 있기 때문일 것이다. '고구마 줄기처럼 줄줄이 매달려 나오는 추억들'을 죽마고우竹馬故友들과 나눌 수 있음이 아니겠는가.

코스모스와 팽나무
ⓒ 조상연 건축사

옛집은 누구에게나 다 있네. 있지 않으면 그곳으로 향하는 비포장 길이라도 남아 있네. 팽나무가 멀리까지 마중 나오고, 코스모스가 양옆으로 길게 도열해 있는 길. 그 길에는 다리, 개울, 언덕, 앵두나무 등이 연결되어 있어서 길을 잡아당기면 고구마 줄기처럼 이것들이 줄줄이 매달려 나오네.

실개천 따라 휘어진 마을 길
ⓒ 박무귀 건축사

문패는 허름하게 변해 있고, 울타리는 아주 초라하게 쓰러져 있어야만 옛집이 아름답게 보인다네. 거기에는 잔주름 같은 거미줄과 무성한 세월, 잡초들도 언제나 제 목소리보다 더 크게 자리 잡고 있어서 이를 조용히 걷어내고 있으면 옛날이 훨씬 더 선명하게 보인다네. 그 시절의 장독대, 창문, 뒤란, 웃음소리…. 그러나 다시는 수리할 수 없고, 돌아갈 수도 없는 집. 눈이 내리면 더욱 그리워지는 집. 그리운 옛집.

어느 날 나는 전철 속에서 문득 나의 옛집을 만났다네. //
그러나, 이제 그녀는 더 이상 나의 옛집이 아니었네.

김영남(1957~, 전남 장흥)
『가을 파로호』, 문학과지성사.

김영남 〈그리운 옛집〉

시인은 "그 시절의 장독대, 창문, 뒤란, 웃음소리…" 등 우리가 공감할 수 있는 모든 것을 동원하여 향수를 자극하고 있다. 이 시는 서술체로 쓰여지다가 마지막 두 연, "어느 날 나는 전철 속에서 문득 나의 옛집을 만났다네. // 그러나, 이제 그녀는 더 이상 나의 옛집이 아니었네"로 극적 반전을 한다. 전철 속에서 우연히 만난 어린 시절 마음에 두었던 고향 동네 처녀, 이미 유부녀가 된 그녀도 다시는 돌아갈 수 없는 그리운 옛집인 것이다. 그리운 고향으로 가는 두 개의 철로처럼 유년의 사랑이 집과 함께 동행한다.

떠남도 돌아감도 허락하는 생가

낳고 자란 곳이 생가이며 고향집이다. 금의환향하면 더 말할 나위 없지만 지치고 힘들 때 기댈 수 있는 곳, 다시 시작하기 위해 원초로 돌아갈 수 있는 곳 또한 생가이다. 시인뿐 아니라 모든 사람이 생가를 "살아 있는 한 돌아서지 못한다"고 단정한다. 그렇다. 설령 가지 못해도 살아 있는 한 잊힐 리 없는 곳이니까.

살아 있는 한 돌아서지 못한다
꼬집으면
확, 하고 꽃 터질 듯한 자리
누구나
모래바람 일으키며 떠났다가
허기진 애증으로 군데군데 살이 떨어진 채 돌아와

그 원형에 영혼을 다시 대 보지만

닿기만 하고

멍이 지워지지 않는 자리.

최문자(1943~, 서울)

최문자 〈생가〉

내 집이 아니라 늬 집이라, 할아버지의 집

한국의 농어촌은 대부분 씨족 중심으로 동네가 형성되어 있다.
집성촌이란 것인데 이런 마을에는 으레 마을 중심에 종가가 자리
하고 있다. 가풍과 경제력과 환경에 따라 다르긴 하지만 종가는 제

례 등 행사가 많기에 집이 클 수밖에 없고 이를 유지하기 위하여 부富를 쌓아야 했다.

이런 종가 집에 아비가 죽어 할아버지에게 격대교육*을 받는 손자의 모습도 보인다. 요즘은 부부가 맞벌이를 하지 않으면 살기 어려운 세상이라, 부모에게 어린 자식을 맡기는 경우가 허다하다. 그러나 예전에는 부모가 살아 있어도, 할아버지 할머니가 손자 손녀를 돌보고 교육하였으니 이를 격대교육이라 한다. 강진 지주의 아들인 김영랑은 〈집〉이란 시에서 아들이 죽어 손자를 키울 수밖에 없었던 할아버지가 집 나간 손자에게 쓰는 편지 같은 시를 쓰고 있다.

* 격대교육: 조부모가 손자손녀를 가르치는 교육.

김영랑 생가.

내 집 아니라
늬 집이라
나르다 얼는 도라오라
처마 난간欄干이 늬들 가여운 소색임*을 지음知音터라.

* 소색임: 속삭거림.

내 집이 아니라
늬 집이라
아배 간 뒤 머난 날
아들 손자 잠도 깨우리
문틈 사이 늬는 몇 대째 서뤄 우느뇨

(후략)

김영랑 〈집〉 중에서

김영랑(1903~1950, 전남 강진)

연탄 가는 어머니의 겨울

아파트가 대중화된 것은 서울올림픽 개최 무렵부터이니 불과 30년 정도이다. 이전의 주거는 대도시도 대부분 단독주택이었다. 어려운 사람은 부엌도 제대로 없는 방 한 칸에 세 들어 살았다. 난방과 취사는 하루에 두 번씩 갈아야 하는 연탄이었다. 〈어머니의 겨울집〉은 그 시절 중산층 도시민의 삶을 그대로 보여주고 있다. 시인의 고향은 수원이다.

연탄 가는 어머니의 새벽 발걸음 소리
정겹게 듣던 겨울 / 삼백 포기 김장독에서
우걱우걱 괴어 오른 붉은 김칫물

살얼음을 지치며 자라던 / 우리 팔남매 신발들이
콩나물 대거리처럼 오글거리던 댓돌과
하나만 이가 빠져도 / 허전한 눈길로
자꾸 두리번거리던 어머니의

낮은 말소리가 여울져 흐르던
낡은 한옥 집 대청이나 / 한여름 기와지붕
검은 골을 타고 모여든 빗방울 소리같이
세상사 재잘거리던 / 저녁 밥상 숟가락들……

나무결 반들거리던 대청의 / 실오라기 먼지마저 / 쓸고 가던

도시의 골목길. 집집마다 어머니의 연탄 가는 소리가 들릴 듯하다.
ⓒ 최상철 건축사

치맛자락 / 산기슭같이 그윽한 어머니 집 떠나와

격자창 너머에서 / 어머니의 겨울 발걸음 소리 듣는

오늘 새벽녘 / 그보다 나이든 아들의 눈동자에

까닭 없이 / 성에꽃 피어난다

최동호 〈어머니의 겨울집〉

최동호(1948~, 경기 수원)
『불꽃 비단벌레』, 서정시학.

새 주인은 모른다. 기둥에 표시한 내 아이의 큰 키를

시골과 달리 도시에선 이사가 잦다. 이사한 집이 현재 살고 있는 집과 멀지 않으면 때로는 저절로 발길이 돌아서기도 한다. 마치 '김유신 장군의 애마가 천관녀의 집으로 향하듯'이 말이다. 저절로 발길에 끌려 다시 가본 내 살던 집. 시인은 새 주인을 끌어들여 예전의 내 집에 대한 기억과 연민을 풀어가고 있다.

살던 집 근처에 끌리듯 가면,

도둑같이 숨 죽여 열 적게 서면

황폐한 넝쿨장미, 흙먼지

저, 물정 모르는 새 주인을 닦아세워

내 울적한 망향의 남창을

한 뼘 두 뼘 열어 보이고 싶다

새 주인은 아직 모를 것이다

그럴 수밖에 없지

처마에 때때로 이끼 끼는 기왓장

다락방의 쥐구멍과 하수도 이지관의 반지름을

앞마당에 파묻힌 다알리아 뿌리

기둥에 표시한 내 아이 큰 키를

새 주인의 장독대 이빨 빠진 항아리에

무엇이 담겼는지

내 알 수 없듯이

내 살던 집 구석구석

아무리 식구들로 붐빌지라도

지금은 형편없이

텅텅 비어 있다

이향아(충남 서천)
『물새에게』, 문지사.

이향아 〈살던 집〉

갈 수 없는, 가고 싶은 머나먼 고향

시골의 고향집도 주인이 바뀐다. 어느 동네나 명절이 되면 선산
만 남겨두고 집을 팔아버린 사람들이 성묘하러 온다. 그들은 성묘
후 친척집에 들러 인사하고는 돌아간다. 집을 판 사람치고 잘 사
는 사람이 없기에, 그들은 동네 사람들의 동정을 산다. 어떤 집은
큰 아들이 다른 사람에게 판 집을 작은 아들이 되사는 경우도 있
다. 죽기 전에 사라질 수 없는 온갖 기억들이 살아있는 곳. 늙어 기
억력이 쇠잔해져도 어린 시절의 기억은 생생하기 마련이다. 남의
집이 되어버린 고향집을 돌아보는 심사는 경험하지 못한 사람들은
알 수 없는 것이리라.

황상순은 〈누구신지〉란 시에서 고향집에 와서 "이 처마 저 서까

래 낯익은 모양들을 살피다가 / 기둥에 달린 낯선 문패 / 아직도 방문 앞에 앉아 있는 닳아진 댓돌"을 보다가 "함부로 마당에 발길을 들이다간 / 누구세요? 경계의 눈총을 받아야 하는 낯선 객"임을 깨닫고 "너무 늦게 돌아왔구나" 후회한다.

강원도 평창군 봉평면 평촌리 미상 번지
오래된 집 앞에서 기웃거린다
이 처마 저 서까래 낯익은 모양들을 살피다가
기둥에 달린 낯선 문패를 읽다가
아직도 방문 앞에 앉아있는 닳아진 댓돌이며
종내는 없어진 흙 담장 모서리까지
사라진 길까지

그러나 인기척을 내며
함부로 마당에 발길을 들이다간
누구세요? 경계의 눈총을 받아야 하는
낯선 객, 나는
너무 늦게 돌아왔구나

(후략)

황상순(1954~, 강원 평창)

황상순 〈누구신지〉 중에서

아버지 어머니도 저렇게 젊은 시절이

지금은 시골에도 컴퓨터로 농산물을 팔고, 휴대폰으로 사진을 주고받지만, 아직도 고향 마을의 몇몇 집들은 안방 벽이나 마루 벽에 사진틀이 있고, 그 속에 갖가지 가족 행사 사진들이 끼워져 있는 것을 본다. 그 사진 액자 속에서 우리는 우리의 어린 날을 발견하기도 하고, 신랑신부가 된 부모님을 만나기도 한다. 사진틀은 어느새 타임머신이 된다.

울퉁불퉁한
시골집 벽에 걸린
낡은 흑백사진

나란히 앉은
젊은 새색시
멋있는 신사
저게 누구인가

아버지 어머니도
저렇게 젊은 시절이 있었나
내가 기억하는 아버지 어머니는
늙고 꼬부라진 모습뿐인데

세월은 가고

세월 따라 사람은 가고 없어도

흑백사진 속의 그 모습

변함이 없구나

물끄러미 올려다본 순간

다정한 미소로 답하시는

아버지 어머니.

이문조(1953~, 울산)   이문조 〈흑백사진〉

고향집은 가족 박물관이다

집은 자신만이 아닌 누대에 걸친 집안의 역사가 고스란히 간직
된 가족박물관이다. 일제시대부터 6.25전쟁, 제1공화국에서 제
6공화국에 이르기까지 4.19, 5.16 등 숱한 역사들이 한집의 가족
사에도 그대로 투영되어 있다. 결국, 도시화로 텅 빈 시골집들은
오직 이를 겪은 사람만이 그리움과 아쉬움으로 무너지는 집을 떠
받치고 있다.

한국전쟁 세대는 알 것이다. 알철모가 세숫대야를 대신하고 박격
포탄의 밑둥을 잘라 재떨이로 쓰던 한국전쟁 직후의 가난한 시절을.

뒷산에서 내려온 커다란 땅거미가

조금씩조금씩 잡아먹던 마당에서

장에 간 어머니를 기다리며 울던 집
할아버지가 장죽을 두드릴 때마다
아직 식민지의 먼지로 가득하던 집

그 반짝이던 155밀리 박격포 놋쇠 재떨이

전쟁이 뒷산 넘어 멀리 간 뒤에도
형님은 빤쓰 고무줄에 돈을 꿰매 입고
논산훈련소로 가고
그래도 어머니는 땅을 장만해야 한다며
비 오는 날 죽을 쒀 먹으며
장독대나 자리 밑 어디엔가 돈을 감추었다

조선의 경제여
장으로 나가는 소 때문에
마주 보고 울던 성가족聖家族들

세월이 많은 나라를 허물고
또 새 집을 짓는 동안
다시는 불 켜지지 않는 집 마당에서
긴 울음소리 하나
무너지는 집 한 채 오래 떠받치고 있다

이상국 〈마음 속의 집 한 채〉

이상국(1946~, 강원 양양)
『집은 아직 따뜻하다』, 창비.

새 터전 달동네도 재개발로 떠나야 하고

철거지의 잔해들.

집을 비우고 서울로 올라간 그들은 어떤 삶을 살았던가. 가파른 언덕길을 올라가야 하는 달동네의 비새는 단칸방이 그들의 새로운 터전이었다. 없어도 시골처럼 인심이 후하고, 도심이 가까워 고달 파도 살 만했던 서울의 대표적인 달동네는 금호동이다. 이곳은 재 개발로 이미 고층아파트가 들어섰고 서울을 비롯한 대도시는 재개 발 붐이 일었다. 아파트를 짓기 위해 내 살던 동네의 철거지를 지 나며 그곳의 삶을 회상한다.

코딱지만 한 단칸방 가득 피어나던
따습던 저녁이 없다
오랜만에 걸어보는 길
희미한 외등만이 비추는 철거지는
여남은 집 어깨 나란히 하고 오순도순 살던 곳
쌀 한 됫박 연탄 한 장 빌리러 갚으러 가서
절절 끓는 아랫목에 발 집어넣던 곳
한글 막 깨친 아이 하나
밥상 위에 턱 괴고 앉아 소리 높여 글 읽던 곳
희미한 외등 따라 내 그림자 길게 늘어져
고단한 생의 흔적이 말끔하게 지워진 길
한 발 두 발 내 구두 소리만 흥얼댄다
일가족 칼잠으로 누웠던 머리맡
책 읽던 아이 책 잠시 덮고

그 위에 더운 국 한 그릇 차려지던

밥상을 밟으며 간다

차 조심해라 선생님 말씀 잘 들어라

그 아침의 당부와 언약을 밟으며 간다

최영철(1956~, 경남 창녕)
『호루라기』, 문학과지성사.

최영철 〈철거지를 지나며〉

고향은 시골에만 존재하는 것이 아니다. 최영철 시인의 철거지에는 고층아파트가 지어졌다. 그러다 보면 인구가 늘고 주변 도로도 단층집에서 수요에 따라 빌딩들이 들어서게 된다. 이러한 도시의 현대화는 모든 것을 바꿔놓아 옛날의 추억을 보듬어보기는커녕 찾아가기도 어려울 정도로 변하고 만다. 어린 날, 솜틀집은 이부자리 가게로, 이발소와 목욕탕은 오피스텔로, 내 살던 집과 옆집들은 합쳐져 빌라가 들어섰다.

1970년대 초 서울의 민가들.

부서지는 달빛, 그 맑은 반짝임을 내 홀로 어이 보리

모두들 떠났다. 먹고 살기 위하여, 교육을 위하여, 더 잘살기 위하여 고향을 떠났다. 그러고 보니 환갑 넘은 60대가 젊은이 취급을 당하고, 어쩌다 태어나는 아기는 동네 모든 사람들의 손자가 되고 있는 것이 시골의 현실이다. 댓잎파리에 부서지는 달빛이 좋아서인가 아니면 귀뚜리랑 풀여치 그 구슬 묻은 울음소리를 잊지 못해서인가. 아직도 고향마을을 지키는 사람은 고요와 적막으로 꽉 찬

텅 빈 시골마을에서 아름답고 푸르른 밤을 같이할 동무를 그리워
한다.

저 뒷울 댓잎파리에 부서지는 달빛
그 맑은 반짝임을 내 홀로 어이 보리

섬돌 밑에 자지러지는 귀뚜리랑 풀여치
그 구슬 묻은 울음소리를 내 홀로 어이 들으리.

누군가 금방 달려들 것 같은 저 사립 옆
젖어드는 이슬에 몸 무거워 오동잎도 툭툭 지는데

어허, 어찌 이리 서늘하고 푸르른 밤

주막집에 달려와 막소주 한 잔 나눌 이 없어

마당가 홀로 서서 그리움에 애리다 보니

울 너머 저기 독집의 아직 꺼지지 않은 등불이

어찌 저리 따뜻한 지상의 노래인지 꿈인지

고재종 〈사람의 등불〉

고재종(1957~, 전남 담양)

『사람의 등불』, 실천문학사.

ⓒ 우종태 건축사

빈집과
폐가

개 한 마리
감나무에 묶여
하늘을 본다
까치밥 몇 개가 남아 있다.
새가 쪼아 먹는 감은 신발

바람이 신어보고
달빛이 신어보고
소리 없이 내려와
불빛 없는 집
등불

겨울밤을

감나무에 묶여 낑낑거리는 개는

앞발로 땅을 파며 김칫독처럼

운다, 울어서

등을 말고 웅크리고 있는 개는

불씨

감나무 가지에 남은 몇 개의 이파리

흔들리며 흔들리며

새처럼 개의 눈에 아른거린다

주인이 놓고 간

신발들

빈집을 녹인다

박형준 〈빈집〉

박형준(1966~, 전북 정읍)
『물속까지 잎사귀가 피어있다』,
창비.

바람이 신어보고 달빛이 신어보고

시는 밤새도록 돌아오지 않는 주인을 기다리는 개와, 신발도 되고, 등불도 되고, 불씨도 되는 까치밥 홍시가 외로움이나 쓸쓸함보다 정겹고 포근함으로 다가오는 빈집을 그리고 있다. 아마도 이 집의 가족들은 친척의 잔치에 간 모양이다.

우리나라는 40년 전만 해도 농업국가였다. 그러나 1960년대 시작된 산업화는 인구의 도시 집중을 가져와 농어촌의 인구는 급격히 감소하고 노령화되었다. 나들이로 잠시 비운 '빈집'과 달리, 2000년대 들어 시골에는 부모님이 돌아가신 후 애물단지로 전락한 빈집들이 늘어났다. 자동차를 세워두면 금방 낡듯이 집도 사람이 살아야 오래간다. 자손이 손보지 않는 시골집들은 얼마 지나지 않아 폐가가 된다.

큰방 문설주 위에 걸어놓고 가버린 칼라 가족사진

햇볕에 색 바래 흑백사진 같다

무슨 큰 난리처럼 휩쓸고 간 세파에 밀리다가

이 집 일가족은 외양간 여물통에도 숨고 디딜방아

절구통에도 숨고 뒷간 지푸라기에도 숨고 부엌

불쏘시개로도 숨고 뒤란 우물 수렁에도 숨고

그때마다 요령소리 나게 달리다 울긋불긋

혈색도 고우시던 얼굴 물 다 날아갔다

붉은색은 육이오에 휠 날아가고 노랑색은

오일육에 홀 날아가고 파랑색은 오일팔에 활 날아갔다

그을린 흙벽 중간 더러 날짜를 건너뛰며 동그라미 쳐진

새마을달력 동네 경조사 메모 위에서

의원님은 근엄한 치사를 하고 있다 땅속에서

갓 건져 올린 미이라처럼 눈이 움푹 파인 괘종시계 아래

반쯤 남은 대병 소주 아직 아릿하다 팔순 잔치

저마다 차려입은 알록달록 치마저고리 단물 다 빠져나간

액자 속 까만 눈과 하얀 이빨이 웃고 있다 배꼽마당

안동 청원정의 폐가가 된 1970년
대 모습(왼쪽)과 수리 후 모습.

최영철(1956~, 경남 창녕)
『그림자호수』, 창비.

수북한 잡초 안으로 빨강 파랑 노랑은 숨고
까맣게 탄 머리칼과 하얗게 센 손가락이 비죽 나와 있다

최영철 〈폐가〉

부모 죽은 뒤 자식이 이민을 갔을까? 아니면 외국 주재원으로 나
가 있을까? 그도 아니면 고향을 잊을 것일까? 사람의 온기가 반년
만 없어도 빈집은 폐가로 접어든다. 큰방 문설주에 걸린 가족사진
에서 시인은 이 집의 역사를 캔다. 좌우가 대립했던 6.25 한국전
쟁, 5.16 군사혁명, 5.18 광주민주화운동 등 굵직한 역사의 굴곡이
배어 있다. 달력이 귀하던 50여 년 전, 국회의원이 나누어준 한 장
짜리 달력이 눈에 보이는 듯 선하다.

건달 같은 여름이 그 집에서 혼자 살았다

빈집이라고 아무도 살지 않을까? 시인은 그 빈집에 여름이 혼자 산다고 하였다. 여름이 생쥐를 불러들이고, 명아주를 키우고 풀물을 들여놓았단다. 그렇지. 여름은 빈집을 동식물의 생명체가 풍성한 곳으로 만드니까.

오랜만에 들른 고향집일까? 마당의 잡풀도 애정 어린 눈으로 바라보고 있다.

그 집에서 여름은 혼자 살았다

여름이

하늘로부터 비를 데려와

흙담 옆구리를 무너뜨렸다

그 구멍 틈새로

생쥐가 까만 눈을 내밀다 사라졌다

여름은

뭉게구름처럼 부풀어 올라

그 집 헛간 구석에 던져놓은 폐목에

헝겊 쪼가리 같은 버섯을 키우고

마루턱까지 차오르게 명아주를 키웠다

빈집을 짜개놓는

매미소리

녹음을 가득 안은 여름이

그 집을 온통 휘저어 풀물 들여 놓았다

그냥 두면

한 백년 꾸벅꾸벅 졸기만 할 것 같은 그 집

능소화 마구 뻗어 오른 대문간

오줌 누는 나에게

한 세월 거저먹으려는 건달 같은 여름이

내년에도 다시 와 공으로 산다 한다

조재도(1957~, 충남 부여)
『공묵의 처』, 작은숲.
　　　　　　　　조재도 〈여름-집〉

IMF, 벼르던 30년, 조금 일찍 돌아온 것 뿐

굴뚝의 연기는 사람이 사는 집임을 보여주는 증표이다. ⓒ 장동휘

　　　퇴직한 후 언젠가는 귀향하여 선산과 고향집을 지키리라 마음먹는 것은 시골에서 자란 큰아들이면 누구나 머릿속에 새겨져 있다. 이런 자의적인 생각과 달리 1997년 말 한국의 IMF구제금융사태는 대그룹사의 부도와 이로 인한 수많은 중소기업의 몰락을 가져왔고 이로 인하여 국민경제는 파탄이 났다. 이즈음을 가장 잘 표현한 시가 송시인의 〈빈집〉이다. 우선 전반부를 감상해보자.

밤새 눈이 쓰러지게 와서

누가 저 빈집을 지키고 갔는지

나는 안다

빗물이 어룽진 흙벽 밤이 깊어도

어머니는 오지 않았다
아랫말 잔치가 드는 날은 새벽닭이
세 홰를 쳐도 봉당 밑에 눈이 들이쳐도
어머니는 오지 않았다

그런 날 밤 벽에 뜬 그림자는 유난히 춥고
무서웠다. 슬슬 산山지네가 기어가고 호랑나무가시가
돋고 당나귀가 몇 번이나 재주를 넘었다
황소뿔이 걸리고 호롱불 심지가 꼴깍 졸아들기도 한다

세월歲月이 지난 뒤에야 그 호롱불을 깔고 앉은 악머구리*가
우리들 할머니였다는 사실을 알았다
야윈 손 쳐들어 풀어내던 벽壁 그림자……

밤새 눈이 쓰러지게 와서
누가 저 빈집을 그리워하고 갔는지
나는 안다

빈집에 불이 켜지면 비로소 사람 사는 집이다.

* 악머구리: 잘 우는 개구리라는 뜻으로, '참개구리'를 이른다.

위와 같이 전반부는 어린 시절 혼자 집을 지키면서, 등잔불이 바람에 흔들릴 때마다 벽에 비치는 그림자를 무서워했던 기억을 떠올린다. 그러고는 그게 곧 돌아가신 할머니의 집을 지키려고, 집이 그리워 다녀간 것이라 깨닫는다. 그러곤 세월을 뛰어넘어 이농 현상으로 오랫동안 텅 비워 두었던 시골집에 IMF 금융위기로 할 수 없이 귀향한 가족을 향해 "조금 일찍 돌아온 것 뿐"이라고 위로하

조길방가 안채. ⓒ 대한건축사협회,『민가건축』

는 후반부가 계속된다. 지금 농어촌은 70세도 젊은이 취급을 받고 상사 시에는 상여를 멘다. 그렇기에 망한 산세로 돌아와도 처량하지 않고, 신발, 불빛, 아기 기저귀, 굴뚝 연기가 있기에 더 따스하게 느껴진다. 적막했던 시골마을에 집주인은 물론 아이들까지 내려오니 "그 불빛 새어나와 / 온 마을이 다 환하다"고 노래한다.

　모든 것이 생각하기 나름이다. 기쁨 속에도 슬픔이 있듯이 아픔 속에도 기쁨이 있음을 새삼 깨닫게 한다.

　　오래도록 잠긴 저 문에
　　누군가 빗장을 푼다
　　삭아 내린 싸리 울바자 다시 세우고
　　눈보라가 설쳐대는 툇마루와
　　댓돌을 쓸고
　　댓돌 위에 신발 몇 켤레도 가지런하다
　　어제는 서울서 일만이네 식구가 내려와
　　밤새도록 저 창호 문발에 불빛 따스하다

　　그 불빛 새어나와
　　온 마을이 다 환하다
　　낯선 듯 동네 개가 컹컹 짖고
　　울바자를 넘는 애기 울음소리
　　동쪽 하늘에 뜬 샛별이 파르르 떤다
　　마당가 바지랑대에 널린 애기 똥풀 빛 기저귀
　　이제야 사람이 사람답게 보이기 시작한다

아침부터 굴뚝의 연기가 치솟아
한밭 재 대숲머리를 돌아나가는
저 들판의 자오록한 연기 보아라
오래 잊힌 자진모리 설움 한가락이
그렇게 풀리는구나

아이엠에프[*]가 대순가 돌아가야지 돌아가야지   * IMF
벼르고 벼르던 30년 세월
조금 일찍 돌아온 것뿐이다
조금 앞당겨 돌아온 것 뿐이다.

송수권 〈빈집〉

송수권(1940~2016, 전남고흥)
『빈집』, 문학사상사.

상상임신의 헛구역질, 빈집 속의 빈집

시인들은 자신의 나이 40세와 빈집을 시의 주제로 택하는 빈도
가 높다. 다음의 빈집은 지금까지 다룬 실체의 빈집이 아니다.

시인들은 지금껏 지은 시와 그 시어들이 어느 날 돌아보니 '상상
임신의 헛구역질'이요, '덜컹이는 바람벽의 못 하나 되지 못'하였
기에 자신이 '빈집 속의 빈집'이었다고 회한 어린 고백을 한다. 집
을 설계하는 건축사들과 어찌 그리 닮았는지 모른다.

시인들은 구속하는 이 없이 시를 씀에도 자신을 돌아보며 질타

한다. 그러한 면에서 건축사는 건축주와 시공자란 상대가 있기에 만족할 작품을 얻기가 더욱 어렵다. 이상적인 계획안은 휴지통 속에 처박히는 것이 모두라 해도 과언이 아니다. 평생 마음에 드는 작품을 다섯 손가락만 꼽을 수 있다면, 그는 성공한 건축사이다.

잘 관리되어 있으나 정적이 흐르는 영천 매산고택(위)과 손길이 닿지 않아 폐가가 되어가는 집.
ⓒ 대한건축사협회, 『민가건축』

> 땅 끝을 지나, 빈집에 들어서야
> 내가 빈집 속의 빈집이었음을
> 알겠네, 땅 끝에 매달려
> 저기, 수척한 바다처럼 누워 있는
> 사람, 그 바다에
> 나는 얼마나 많은 섬들을 띄워놓았던가
> 말의 섬들.
> 햇살 속에 온갖 어족의 비늘들로 반짝이던
> 그 다도해, 그러나 그 섬들은
> 마당가에 뒹구는 빈 장독들처럼
> 불룩해진 배로
> 상상임신의 헛구역질만 하고 있음을 보네
> 말의 뼈를 뽑아
> 삭아버린 서까래 하나 얹지 못한
> 덜컹이는 바람벽의 못 하나 되지 못한
> 빗방울 스미는
> 저 녹슨 함석지붕 하나 떠받치지 못한
> 말의 무수한 발자국만 남긴
> 몸, 이제 이 땅의 끝까지 지나왔지만

저기, 적조에 잠겨 잡풀 우거진 빈집으로 누워 있는 사람

그 빈집에 들어서야

내가 빈집 속의 빈집이었음을 알겠네.

김신용(1945~, 부산)
『몽유 속을 걷다』, 실천문학사.

김신용 〈빈집 속의 빈집〉

   자신의 시에 대하여 뼈아픈 인식을 하게 된 김신용 시인은 자신의 시작詩作이 "빈 집 속의 빈집"이라 폄하한다. 이런 예는 신경림 시인의 시에도 나타난다. 힘겹게 쓴 시를 지워버리지만 얼마가 지나면 다시 시를 쓸 수밖에 없는 자신을 돌아보면서 시는 자신에게 '덫'이라고 정의한다. 건축사인 필자도 '빈집 속의 빈집'이고 설계 작업이 '덫'인 것을 깨닫는다.

누구를 사랑하는 일은 나를 훌훌 비워내는 일이다

   빈집은 이해인 수녀의 '외딴마을의 빈집이 되고 싶다'와 같이 신이 임재할 빈집이 되고 싶다는 신앙 시에서도 나타나고, 어머니와 고향집에서도 나타난다.

   사람의 육신은 영혼이 안주하는 영혼의 집이다. 죽으면 영과 혼은 유체이탈을 한다. 눈으로 볼 수 없고 임사체험에도 찬반이 있으나 대부분의 한국인은 혼백이 있음을 믿고 있다. 기독교인은 교리에 따라, 유교식으로 제례를 행하는 대부분의 사람들도 지방紙榜에 신위神位를 쓰고 있기 때문이다.

미국으로 이민한 한혜영 시인은 현지에서 어머니의 부음을 듣고 어릴 때 떠나온 고향집을 떠올린다. 아마도 어머니가 그 고향집을 지키고 있었던 듯하다. 사람이 살지 않는 빈집은 빨리 허물어진다. 어머니의 손 때 묻은 고향집도 이젠 빠르게 허물어질 것이라며 시인은 눈물짓는다. 시인에게 고향집은 어머니이고 어머니는 고향집이다. 이미 고인이 된 보고 싶은 어머니의 육신과 그리운 고향집이 모두 빈집에 귀일한다. 그렇기에 부모를 여읜 사람은 안다. 부모가 계실 때는 그 집의 명의가 누구로 되어 있든 내 집인데, 부모를 잃고 나면 고향집에 형제가 살고 있다 해도 이미 그 집은 내 집이 아닌 것이다.

가엾은 내 사랑 빈집에 갇혔네

요절시인 기형도는 죽은 후 더 유명해졌고 그중에도 절명시인 〈빈집〉은 젊은이들에게 유행처럼 회자되었다. 신문기자로 시집 출간을 준비하던 중 맥주 한 병 마시고 극장 안에서 숨진 채 발견된 그의 죽음으로 이 시는 더욱 유명해졌다.

실연일까? 죽음을 직감하고 자신의 삶을 돌아본 것일까? 모두 두고 세상을 하직하는 고별사일까?

대입 수능에도 나오는 이 시의 해석은 독자들의 몫일 것이다. 다만 여기서는 빈집의 다양한 해석만을 엿보고자 한다.

사랑을 잃고 나는 쓰네

잘 있거라, 짧았던 밤들아

창밖을 떠돌던 겨울 안개들아

아무것도 모르던 촛불들아, 잘 있거라

공포를 기다리던 흰 종이들아

망설임을 대신하던 눈물들아

잘 있거라, 더 이상 내 것이 아닌 열망들아

장님처럼 나 이제 더듬거리며 문을 잠그네

가엾은 내 사랑 빈집에 갇혔네

기형도 〈빈집〉

기형도(1960~1989, 인천)
『입 속의 검은 잎』, 문학과지성사.

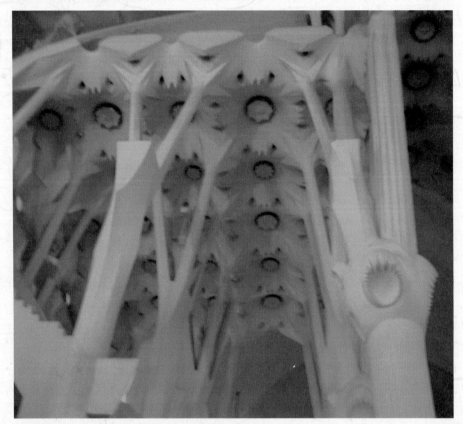

가우디가 설계한 성 가족성당(스페인 바르셀로나)의 내부. 옥수수
모양의 외부 첨탑과 같이 내부도 나뭇가지와 꽃이 기둥과 천장이
되었다. 가우디는 '직선은 인간의 선이고 곡선은 신의 선'이라고
하였다. 따라서 신이 머물 공간인 성당을 곡선으로 설계하였다.

동물의 집
식물의 집

집은 사람만의 전유물은 아니다. 수많은 동물들도 집을 가지고 있다. 공중의 나뭇가지 위에는 새들의 둥지가 있고, 땅위에는 네발 달린 짐승들의 집인 굴들이 즐비하다. 그뿐 아니라 땅 밑에도 개미집 등이 있다. 그중에도 제일 많은 것은 새집일 것이다. 그러나 시인의 관심이 집중되는 것은 집을 이고 다니는 달팽이다.

집을 이고 사는 달팽이는 시인들이 가장 부러워하는 동물이다. 달팽이집은 산소를 만들고 수분을 충족시키며 겨울엔 난방까지 되는 전천후 웰빙 주택이다.

시인들이 달팽이집에 관심이 많은 것은 아마도 그들의 경제적인 환경 때문일 것이다. 문文·사史·철哲, 이른바 인문학이 중요하다 떠들어도 실제 취업은 기술직만 한 것이 없는 현실에서 시인의 경제적 입지는 황무지나 다름없기 때문이다. 지금 서울에서 대한민국 평균 급여로 강남에 집을 사려면 33평형 아파트 사는데 43.3년이 걸린다고 한다. 그러니 전업시인으로 삶을 유지할 수 없는 형편이다 보니 주거환경은 열악할 수밖에 없다.

시인은 달팽이를 부러워한다

달팽이집, 불가리아 소피아.
시인들은 달팽이를 부러워하여 달팽이에 관한 시를 많이 쓰고, 건축가는 필요에 의해 달팽이 모양의 집을 설계한다. 조형미가 뒤떨어진 것으로 봐서 건축주의 입김이 작용한 것 같다.

달팽이집은 산소를 만들고 수분을 충족시키며 겨울엔 난방까지 되는 전천후 집이다. 단순한 껍질집이 아닌 과학적인 전천후 웰빙하우스인 셈이다. 집 없는 사람의 입장에서 보면 달팽이집은 그런 것 외에도 평생 쓸 수 있고, 맞춤형으로 성장하는 데 따라 집이 커지며, 저당 잡혀 집을 날릴 필요도 없는, 그래서 평생 이사 갈 필요가 없는 집이다. 시인의 관심이 달팽이에게 집중되는 것은 어쩌면 당연한 일이다. 이제는 모든 젊은이가 달팽이를 부러워하게 되었다.

이사철이 되어서 나는
이 언덕배기 저 달동네 쫓아다니고
아내는 전봇대와 전봇대
그 사이 벽보들을 읽고 다닌다.

방 1칸 부엌 1칸
전세 500 달세 4만

나의 마땅한 거처는 없었다
저 달팽이 같이
무겁게 짊어지고 가야 할
없어서 더욱 무거운 나의 집

성선경 〈달팽이집〉

성선경(1960~, 경남 창령)
『서른살의 박봉 씨』, 문학과경계.

날마다 즐거운 셋방살이

인터넷은 물론 집에 전화기도 없던 시절, 셋집을 구하려면 그 근처에 가서 전봇대에 붙여놓은 벽보들을 봐야 했다. 복덕방이라 불리는 부동산중개사무소가 없었던 것은 아니지만 수수료조차 아까워 발품을 팔았던 것이다. 이게 불과 30여 년 전 이야기이다.

지금은 이렇게 열악한 집도 거의 없고, 셋방을 구하는 것도 인터넷으로 해결하는 시대이지만 예나 지금이나 집 없는 설움은 크기만 하고, 이사하는 것은 어렵기만 하다. 시인은 제집을 이고 다니는 버거움 속의 달팽이보다 집이 없기에 책임이 더욱 무거운 자신의 신세를 한탄하고 있다. 집 없는 가장의 짓눌린 어깨가 안쓰럽다.

사람이 살아가는 데 필요한 3대 요소 중 가장 큰 목돈이 들어가는 것이 집이다. 이 문제로 고민하는 시인의 눈길은 풀 섶 사이를 마음껏 뛰노는 풀벌레에게 멈춘다. 인간세상도 이랬으면 누구나 걱정이 없을 것이다.

풀잎이
전세를 놓았다

풀벌레가
전세를 얻었다

풀잎은
전세 값으로 노래를 받아

풀잎과 풀벌레. ⓒ정현기

날마다 기뻤다

풀벌레는
전세 값으로 노래를 주어
날마다 즐거웠다.

정갑숙(1963~, 경남 하동)
동시집 『나무와새』, 청개구리.   정갑숙 〈셋방살이〉

까치는 바람 부는 날에만 집을 짓는다

〈셋방살이〉는 어린이를 위한 동시이다. 여치나 방아깨비 등에게 집이 있을 리 없다. 그런데도 시인은 풀 속에서 그들이 살고 있으니 풀잎은 그들의 집이라고 한다. 어린이의 마음과 눈으로 생각하고 보아야만 쓸 수 있는 시이다. 세입자에게 갑질하는 집주인이 많은 세상이다. 집주인과 세입자의 관계가 이토록 아름다운 세상이 된다면 얼마나 좋을까.

인간의 안전 불감증과 욕심은 건축물의 붕괴를 가져온다. 우리나라도 1970년 와우아파트부터 1995년 삼풍백화점 등이 무너지고 최근에는 경주의 마우나오션 리조트가 붕괴되어 대학생들이 많이 희생되었다. 시인은 벌과 까치를 빗대어 비웃고 있다. 실제로 까치는 바람 부는 날에만 집을 짓는다고 한다. 다른 새들도 바람에 관계없이 집을 짓는다고 한다. 가장 악조건에서 집을 지음으로써 어떤 환경에서도 무너지지 않는 집을 지으려 하기 때문이다.

미루나무 꼭대기에
까치부부가
얼기설기 지은
막대기 집

벌들이
설계도 없이
어림짐작으로 지은
육각형 집
태풍에 떨어졌다는 소식 없다
장맛비에 떠내려갔다는 소식 없다.

큰 지진 난 나라에서
무너진 건
시멘트 범벅해서 중장비로
단단히 지었다는
사람들 집이었다.

정진숙 〈튼튼한 집〉

중국 우한(武漢)시에 건축 중인
국제컨벤션센터 내 호텔. 18층과
20층 사이의 '공중 새둥지(空中
鳥巢)'. 직경 40미터, 1,500톤.
지상 101미터 공중에 걸렸다.

정진숙(충남 공주)
『아침햇살』 2009 가을호.

　동물의 집 중에서 벌집의 육각형은 낭비가 전혀 없는 완벽한 구
조물이다. 최근 이러한 벌집 형태는 벌이 아닌 단순한 물리적인
힘, 즉 표면장력 때문에 만들어진다고 하는 주장도 있으나, 어떤
경우에도 벌집의 완벽함을 뒤집을 수 없다. 그래서 건축물에서도

아프리카 흰개미 집. 높이가 8미터에 이르고 내부의 온도차는 1도밖에 안 된다.

정육각형 구조를 이용해 경제적이면서 효율적인 공간 활용을 한 예를 쉽게 찾아 볼 수 있다. 그뿐 아니라 F1 자동차의 바퀴나 컴퓨터 부품 등에도 다양하게 이를 활용하고 있다.

삼광조란 새의 집짓기를 관찰한 EBS의 영상을 보면, 이들은 마른 풀잎으로 집을 만들면서 거미줄과 이끼를 사용하여 접착제를 삼고 있음을 알 수 있다. 또 둥지가 완성되면 푸른 풀잎을 몇 개 따와서 둥지 밖에 붙여놓는 위장술까지 연출한다. 설계하는 건축사가 보아도 감탄스럽다.

아프리카 흰개미 집은 자연냉방을 한다

친환경건축사 믹 피어스가 설계한 자연냉방건물인 짐바브웨 이스트게이트쇼핑센터. 40도 무더위 속에서도 내부 온도는 1도밖에 차이가 나지 않는 아프리카 흰개미 집의 원리를 도입하였다.

마른 나뭇가지로 짓는 까치집이나 풀잎으로 짓는 산새들의 집 그리고 해초나 지푸라기 사이를 진흙으로 메워 짓는 제비집 등 새들의 집을 짓는 재료도 다양하다. 동물들은 자연적인 동굴이나 굴을 파서 집을 만들지만 개미는 땅속을 파서 지하에 집을 만든다. 이러한 동물의 다양한 집 중에서 가장 규모가 크고 과학적인 것으로 아프리카 흰개미 집을 들 수 있다. 큰 것은 높이가 8미터에 달하는데 밤과 낮의 기온차가 크고 더위가 섭씨 40도를 오르내리는데도 내부의 기온은 1도밖에 차이가 나지 않는다고 한다. 건축가들은 이러한 개미집의 원리를 이용하여 에너지가 들어가지 않는 친환경 자연냉방 건물을 짐바브웨에 완성하였다.

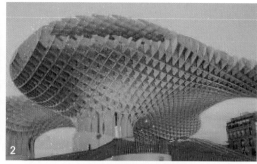

1. 베이징 올림픽 주경기장. 새의 둥지를 닮았다.
2. 스페인 세비야에 있는 메트로폴 파라솔(Metropol Parasol). 독일 건축가 율겐 마이어가 이곳에 흔한 무화과나무에서 디자인의 모티브를 얻었다.
3. 스페인 발렌시아시에 있는 소피아 예술궁전. 솟아오르는 고래를 닮았다.
4. 오스트리아 그라츠의 현대미술관 쿤트 하우스. 해삼인지 염통인지 보는 사람마다 느낌이 다르다.
5. 멕시코에 있는 소라의 집. 장 콕토의 시가 들릴 것 같다.
6. 프랑스 칸에 있는 Le Palais Bulles(거품궁전). 비누거품이나 문어를 닮은 이 건물은 극장, 숙소, 전시장으로 쓰이며 크리스챤 디올의 컬렉션도 열린다.

건축가들에게 동식물은 디자인 컨셉의 보고

이렇듯 건축사들도 동물과 식물을 소재로 한 집들을 설계한다. 베이징 올림픽의 주경기장은 새의 둥지를 닮았고, 오스트리아의 그라츠에 있는 쿤트하우스는 외계인의 집이란 별명이 붙기도 하지만 복어 같기도 하다. 스페인 발렌시아의 소피아 예술궁전은 솟구치는 상어의 형상이다. 또한 스페인 바르셀로나를 관광객으로 먹여 살린다는 사그라다 파밀리아는 외관도 그렇지만 특히 내부는 가지가 있는 나무와 꽃을 그대로 구조와 마감에 응용하였다. 이러한 예들은 수없이 많다. 사진에서 보는 바와 같이 멕시코의 소라의 집은 장콕토의 시가 들릴 것만 같다. 자연을 세밀히 관찰하여 시인은 시를 쓰고, 건축가는 작품을 만들고 있는 것이다.

어린 시절 여름밤에 풋콩을 까다 보면 콩벌레 몇 마리쯤과 늘 마주친다. 어른들은 곡식 중에서 팥과 녹두에 벌레가 많이 생긴다면서, 장에 내다 팔 것은 벌레 먹은 것을 골라내고 따로 챙겼다. 그 작은 알맹이에 더 작은 구멍을 뚫고 들어앉은 벌레를, 한혜영 시인은 〈벌레야 놀자〉란 시에서 어린이가 되어 놀자고 불러본다. 그런가 하면 알에서 깨어난 애벌레를 관찰하기도 한다.

애벌레의 몸속에 통째로 들어간 집

알 껍질을 뜯어 먹는다 방금 나온 애벌레가 껍질을 깨고 나오자마자 놀라운 식욕으로, 그동안 나를 품어주었으니 이제는 내가 너를 품어

주마. 자신이 뛰쳐나온 집을 하나도 빠짐없이 오물오물 뜯어 먹는다
애벌레의 몸속으로 통째로 들어간 집, 애벌레의 몸속으로 곰실곰실
기어 다니다가, 더듬이를 쭉 내밀어보고, 양 날개를 활짝 펴보는 집,
알집 속에 수많은 새끼집을 짓고 눈을 감으리라 그렇게 집이 나의
양식이 되고, 나는 집의 처소가 되어 살다 가리라 (후략)

손택수 〈집〉 중에서

손택수(1970~, 전남 담양)
『호랑이 발자국』, 창비.

알에서 깨어난 애벌레가 자신의 알 껍질을 먹는 것은 자연의 섭
리이다. 배추흰나비란 놈은 알에 구멍을 내어 밖으로 나온 다음 알
껍질을 갉아 먹는다. 이는 가장 가까운 곳에 있는 껍질에 단백질이
풍부하여 영양을 보충할 수 있으며, 자신의 흔적을 없앰으로써 천
적으로부터 공격당하지 않게 하기 위함이다.

나비도 날개를 달기 전에는 고치란 집 속에 있다. 처음 알에서 부
화하여 자신이 나온 알 껍질을 먹는 애벌레를 보며, 시인은 "그렇
게 집이 나의 양식이 되고, 나는 집의 처소가 되어 살다 가련다"는
고백을 하기도 하고, 애벌레가 나비되고 자신이 나비가 되는 우화
등선羽化登仙의 꿈을 꾸기도 한다. 퇴직 후 남은 집 한 채, 역모기지
로 살아가는 인생이나 같은 것인가.

거미와 인간, 누가 더 자유로운가?

거미는 몸을 풀어 선을 만들고 / 발자국도 없이 선 위를 오가지만

거미. ⓒ 박무귀

한 번도 줄에 걸리지 않는데
나는 아니었다
내가 만든 인연에 발이 걸려 넘어졌다

거미는 가로세로 선을 엮어 / 소리 없이 면을 만들지만
사각형의 함정에 빠진 적이 없는데
나는 아니었다
내가 만든 벽 안에 머무는 시간이
지난밤 울부짖던 태풍에
콘크리트 전봇대가 한쪽으로 쓰러졌어도
가늘게 떨리던 거미의 집은
무너지지 않았다

송종찬(1966~, 전남 고흥)
『손끝으로 달을 만지다』, 작가.

송종찬 〈거미의 집〉

집 중에서 입체가 아닌 것은 거미집이 유일할 것이다. 그렇기에 거미집에 대하여 송민규 시인은 벽과 천장은 어디 있는가 묻기도 하지만, 본질은 거미와 인간의 비교이다. 미물이라 우습게 여기는 거미는 자신의 집터인 전봇대가 쓰러져도 무너지지 않는 집을 가졌는데, 그 잘난 인간은 어떤가?

사람은 살아가면서 세 가지와 싸운다고 한다. 첫째가 자연이요, 둘째가 인간이며, 셋째가 자신과의 싸움인데 그것이 제일 어렵다. 용감과 비겁, 너그러움과 옹졸, 부지런함과 게으름, 의와 불의 그리고 참과 거짓 사이에는 상대가 있고 내가 있다. 스스로 만든 인

연의 올무에 싸여 인간은 범죄하고, 싸우고, 심지어 살인이나 자살
까지 한다.

사과상자들의 절규

어느 저문 날
어느 후미진 뒷거리를 지나다가 (중략)
잘 익은 사과의 금빛 나는 시간을 쏟아버린
빈 사과상자의 벽을 보았다. (중략)

허기진 아우성을 들었다
속을 다 빼앗긴 껍데기들의 아우성이
속을 다 빼앗긴 내 속을 울리고
상한 사과들이 내 속에서 / 독하게 발효하여
내 생을 산화酸化시키고 있었다(중략)

아직 덜 익은 꿈도 상자에 갇혀와 / 헐값으로 팔려 나갔으리
온전한 꿈도 꿈끼리 부딪혀 상해서 버려졌으리
와중에서도 끝까지 온전한 꿈들은
또 어느 탐욕스런 이빨들에
아삭아삭 씹혔으리(후략)

김여정 〈사과들이 사는 집〉 중에서

상자를 쌓아놓은 것 같은 일본 나
카진 캡슐타워.

김여정(1933~, 경남 진주)
『사과들이 사는 집』,
문학아카데미.

사과상자에 사과가 없으면 상자는 사과의 집이 아니다. 부조리로 짓밟힌 꿈에 아우성치는 사과들이 사는 집을 감상하다 보니 마구 쌓은 사과상자를 연상케 하는 캐나다 몬트리얼의 헤비타트 67Habitat 67 아파트와 일본 나카진 캡슐타워가 생각난다. 획일화되는 현대문명에 대한 반발, 자유분방한 아름다움이 이곳에 있다.

당신은 울타리 밑 참새들의 사랑방을 보았는가

햇살 퍼지는 아침을 따라 / 겨울 울타리 속으로
초점을 맞춰보니 두 개의 움직임이 어슬렁인다
아픈 새일까, 늙은 할배 새일까
주린 배를 채워보려고 언 땅 부리질 해 보고
낮은 가지에 겨우 올라 눈만 껌뻑이며 누굴 기다리나
잠시 후 두 마리가 나무 꼭대기에 날아와
주위를 살피더니 한 마리는 낙엽처럼 내리고 한 마리는
경계를 서고 있었다
주술사가 왔을까 / 문병 왔을까
일찍 나간 식구들이 먹이를 가져왔을까
한참 공백이 있은 후 / 방문객들은 해결책을 찾은 듯
후드득 날개 짓으로 사랑방을 떠났고
허공엔 애처로운 눈빛이 걸려있었다

임현택(1949, 전묵 고창)
『연못에 뜬 달』, 월간 문학.　　　임현택 〈참새들의 방〉

1. 콰드라치 파빌리온(Quadracci Pavilion, 미국 MAM). 새의 날개 같은 윗부분은 실제 새 날개 같이 움직이며 건물의 햇빛을 차단해준다. 물은 극장, 숙소, 전시장으로 쓰이며 디올의 컬렉션도 열린다.
2. 연꽃사원(Lotus Temple, 인도 델리).
3. 에덴프로젝트(Eden Project, 영국). 벌집 모양으로 만들었다.
4. 담뱃잎을 통째 말은 여송연. 담배를 태우는 모습을 형상화한 바르셀로나 수도국 청사.

참새는 스스로 집을 만들지 못한다. 초가지붕 끝에 구멍을 내거나 기와집의 기왓장 사이 벌어진 곳에서 추운 겨울의 밤을 보내는 것이 고작이다. 참새들은 나무울타리에 앉기를 좋아하고 그 아래 마당가도 좋아한다. 울타리 밑은 습하기에 곤충이나 벌레 등 먹잇감이 많기 때문이다. 그러나 시인은 겨울철 울타리 속의 참새들 노니는 것을 보면서 그곳에서 참새들의 사랑방을 본다.

벌레의 설법을 듣다

이제 지하의 세계로 가보자. 지렁이, 굼벵이, 개미 등이 모두 지하에 산다. 서울의 경우 하루 700만 명이 지하철을 이용한다.

지하의 집이 방별로 기능이 분리되어 있는 것은 개미가 유일하다. 삽질 속에 잘려진 개미집을 보거나 큰 풀을 뽑아 낼 경우 긴 뿌

개미집을 닮은 터키 카파도키아 바위 속 집들의 외형.

리에 잘려진 흙의 단면을 통하여 우리는 개미집을 볼 수 있다. 그러나 그 행위가 개미에겐 집이 무너지는 엄청난 재앙이다.

> 한 포기 쐐기풀을 뽑아 올리자
> 거기, 또 다른 세상이 있다
> 방 한 칸 단출한 살림살이도 보이고
> 칠보로 장식한 난간에 누각 화려한
> 빌라 몇 채도 보인다
> 얼기설기 잔뿌리 가득 얽힌 세상
> 수많은 벌레들 분주한 가운데
> 개미 한 마리 발등을 타고 올라
> 손짓발짓 얘기를 한다
> 무겁지 않은 생이 어디 있으랴,
> 나는 젖은 흙더미 평생 머리에 이고 산다
> 쐐기풀에 가슴팍 구석구석 찔리며 산다
> 다 견디며 견디며 사는 것이라고
> 더듬이 들어 허공에 밑줄을 긋는다
> 풍뎅이 애벌레 궁시렁궁시렁
> 저쪽 언덕이 눈부신 별천지로 보이지만
> 거기서 보면 여기가 바로 도원인데
> 어느 동네를 기웃기웃
> 비루먹다 남은 화엄을 찾는가
> 백주대낮에 남의 집 깨박살을 내다니
> 이게 무슨 경우냐,

끌끌 혀를 차며 꿈틀 모로 눕는다

한 포기 작은 세상을 들추다가

미산처럼 장엄한 말씀 말씀들에

뚜둑, 팔이 빠지고 만다.

– 원효와 사복의 얘기를 일부 차용하다

황상순 〈벌레의 설법을 듣다〉

황상순(1954~, 강원 평창)
『어름치 사랑』, 오감도.

전망대가 있는 거대한 콘크리트 나무를 20종 16만 포기의 식물이 감싸고 있다. 스카이 워크와 슈퍼 트리 그로브. ⓒ 신중식 건축사

　시인이 말한 원효와 사복蛇福의 이야기는 삼국유사의 사복설화蛇福說話이다. 서라벌에 사는 한 과부가 남편도 없이 아이를 낳았는데 열두 살이 되도록 말도 못하고 일어서지도 못하여 '사동' 또는 '사복'이라고 불렀다. 어느 날 그 어머니가 죽자 사복은 고선사高仙寺의 원효元曉에게 가서 "전생에 경전을 싣던 소가 죽었다"라면서 함께 장례 치르기를 요청했다. 원효가 '생과 사가 괴롭다'라는 내용의 축문을 짓고 함께 활리산活里山으로 갔다. 사복이 '연화장蓮花藏 세계로 들어가겠다'는 내용의 게偈를 짓고 나서 띠풀을 뽑으니 그 밑에 장엄한 세계가 열렸다. 사복이 시신을 짊어진 채 그 안으로 들어가자 땅이 도로 닫혔다. 후에 서라벌의 금강산 동남쪽에 도량사道場寺라는 절이 세워졌다.

　"무겁지 않은 생이 어디 있으랴, / 나는 젖은 흙더미 평생 머리에 이고 산다" 개미의 외침이 우리를 위로한다. 풀 한 포기 뽑은 자리에서 우주의 중심에 있다고 하는 비로자나불毘盧遮那佛의 정토인 연화장세계를 보는 시인의 눈이 놀라울 뿐이다.

종묘. 세계에서 가장 긴 목조건축물, 안동 하회의 병산서원 만대루와 더불어
외국 건축가들의 찬탄을 자아내는 아름답고 웅장한 영혼의 집이다.

상상의 집,
영혼의 집

저녁의 목수인 별이 집을 짓는다
송글송글 맺힌 이마의 땀방울을 뚝뚝 흘리며
거미처럼 착 달라붙은 채 제 몸의 황금빛 실을
뽑아 기둥을 세우고 지붕을 올린다

기둥 하나 세울 한 평의 흙도 없는 허공에
저렇게 아름다운 집을 지을 수 있다니

그러나 그 집은 입주를 희망하는 자의 눈빛 속에 지어진다
눈빛은 저녁의 목수가 집을 지을 수 있는 유일한 토지이다
눈빛이 진흙처럼 더 찰지게 뭉쳐져 있을수록
더욱 눈부시게 타오르는 모닥불처럼 방을 지펴놓는 별

세계에서 가장 오래된 별자리지
도. 고구려의 천상열차분야지도
는 한국의 자랑이다. 별자리를 집
으로 생각하면 다양한 집의 모양
을 볼 수 있다.

저녁의 목수인 별이 또다시 집을 짓는다

입주를 희망하는 자의 귀에만 들려오는

저 뚝딱 뚝딱 못 박는 소리

저 쓱싹 쓱싹 톱질하는 소리.

함명춘(1966~, 강원 춘천)
『빛을 찾아 나선 나뭇가지』,
문학동네.

함명춘 〈저녁의 목수인 별〉

저녁의 목수인 별이 또다시 집을 짓는다

1960년 전후의 소비에트연방(소련-러시아)의 국가원수였던 흐루쇼
프가 피카소의 그림을 보고 "말꼬리로 그린 것 아니냐"라고 했다는
일화를 들은 적이 있다. 홍익대 교수였던 미술평론가 이일은 『추상
화 입문』이란 저서에서 "추상화를 모르겠다는 사람들에게, 추상화
에 대하여 얼마나 공부했느냐?"고 묻고 있다. "아는 만큼 보인다"
란 말이 그래서 생겼는지도 모른다.

요즈음 젊은이들은 '별' 하면, 400년 전 지구에 떨어진 외계인
도민준과 한류여신 천송이의 기적적이며 솜사탕같이 달콤한 TV
연속극 〈별에서 온 그대〉를 떠올릴지 모른다. 모 방송국의 시청률
을 23퍼센트까지 끌어올리고 중국에서도 도민준의 인기가 하늘
높은 줄 모르고 치솟고 있는데다가 미국판까지 나온다는데, 하늘
의 별을 볼 기회는 줄어들고 있기 때문이다.

한국전 전후 세대는 고교 국어교과서에 실린 '젊은 목동의 주인
집 아씨에 대한 지고지순한 사랑 이야기'가 주제인 알퐁스 도데의

〈별〉이나, "저 별은 나의 별 저 별은 너의 별 / 별빛에 물 들은 밤같이 까만 눈동자"라고 노래했던 윤형주의 〈두 개의 별〉을 떠올릴 것이다.

함명춘 시인은 별이 목수가 되어 아름다운 집을 짓고 있는 광경을 그리고 있다. "그 집은 입주를 희망하는 자의 눈빛 속에 지어"지는데, "눈빛은 저녁의 목수가 집을 지을 수 있는 유일한 토지"이기 때문이란다.

초등학교 시절 여름방학 때, 마당에 모깃불 피워 놓고 밀짚방석에 누어 하늘을 보면 금방이라도 눈물방울처럼 뚝 떨어질 것 같이 철렁대는 별들, 그 별들을 연결하다 보면 북두칠성은 국자가 되기도 하고, 어떤 것들은 솟을지붕이 있는 오각형 입면의 집이 되기도 하였다. 그러나 나이 들어 가본 뉴질랜드 밀 포드 사운드 해변과 네팔의 안나푸르나 산록 그리고 몽골 초원의 밤하늘엔 고향보다 더 큰 별들이 영롱했지만 집 지을 생각은 떠오르지 않았다. 순수를 잃어서 일 것이다.

폴튜갈의 카사 도 페네도의 바위집. 시인은 산 꼭대기 바위 위에 별의 집을 노래하고, 건축가는 바위 속에 집을 짓는다.

신념과 타협 사이에 지은 경계인의 집

강원도 양양이 고향인 이상국 시인은 "설악산 울산 바위 꼭대기에는 별들의 집이 있다"면서, 그곳에서 "민박을 하고 싶다"고 하는데, 건축사는 바위 꼭대기나 틈새에 진짜 집을 짓기도 한다. 그러나 이러한 낭만 속에 머물고 싶은 것은 마음뿐, 오늘과 같이 치열한 삶의 현장에서 겪는 정신적 혼란은 현대인에게 정체성의 혼돈을 가져온다.

예수는 간음한 여인을 성전에 끌고 와 율법을 들먹이며 어찌할 것인가를 묻는 사람들에게 "죄 없는 자 먼저 돌로 치라"고 하였다. 그들은 아무도 그 여인을 치지 못하였다. 그러나 오늘 다시 그런 장면이 벌어진다면 돌로 치는 자가 반드시 나타날 것이다. 이는 죄 없는 자가 있어서가 아니라, 그만큼 양심에 무디어지고 자의적인 잣대로 자신을 판단하기 때문이다.

영국인 2,000명을 대상으로 한 조사에서 남성은 하루 6회, 여성은 하루 3회의 거짓말을 하는 것으로 나타났다. 우리는 이렇게 하루에도 몇 번씩 거짓말을 하고 정의와 불의 사이의 경계선을 넘나든다.

> 맥주병과 오프너 사이, 깡통과 깡통 따개 사이, 대구와 대구포 사이, 땅콩과 땅콩 껍질 사이, 거기가 내 자리일까. (중략)
> 신념과 타협, 정의와 불의, 진실과 허위, 그리고 양심과 훼절 사이, 거기 웅크리고 있는 남루 하나.
> 그리고, 다시 image와 symbol, metaphor와 irony, alegory와 paradox 사이, 시와 시론 사이, 백묵과 지우개 사이, 컴퓨터와 프린터 사이, 온라인 통장과 급여 명세서, 윤군과 김군 사이, 그 막막한 허공에 세운 작은 집 하나.

이건청(경기 이천)
『석탄 형성에 관한 기록』,
시와시학사.

이건청 〈경계인의 집〉 중에서

노자老子는 "문과 창으로 만든 방은 안이 비어 있기 때문에 방으로 쓸모가 있다"고 하였다. 아무것도 없는 곳에 비어 있는 곳空間을

동대문 디자인 플라자(DDP)의 야경. 우주선이 내려온 것 같다. 컴퓨터의 발달로 상상 속의 디자인이 현실화되고 있다. ⓒ 정다연(성동글로벌고, 서울건축사협회 학생 공모작) 이 건물을 설계한 이라크계 영국 여류 건축사 자하 하디드는 2016년 65세를 일기로 사망하였다.

만들기 위한 작업이 건축이라면, 온갖 욕심으로 가득한 더러워진 마음을 비우고 아름다움으로 채우는 것이 시이다. 인류가 생존하는 한 경계인의 집은 항상 존재할 것이다. 다만 허위보다 진실이, 불의보다는 정의가 그 집에 많이 채워지기를 바랄 뿐이다.

몸 끝을 터로 삼은 마지막 수행처

물집은 사람의 상처 중에서 가장 작은 상처이다. 또한 피나는 것도 아니기에 약을 바르지도 않는다. 그러나 여간 신경이 쓰이는 것이 아니다. 우선 생길 때 아프고, 무의식적으로 스치면 또 아프다. 터트리자니 상처가 도질 것 같고 놔두자니 시일이 꽤 많이 소요된다. 특히 입안의 물집은 불편을 넘어 음식이 닿을 때마다 쓰리고 아프다.

　사람들은 그저 빨리 낫기만 바란다. 그러나 '몸시'로 유명한 시인은 아파서 생기는 몸의 물집조차 그냥 넘기지 않는다. 물집의 '집'에 천착하여, 나을 때까지 기다려야 하는 물집의 아픔을 "몸 끝을 터로 삼아 마지막 수행처 하나 지었으니"라면서 "내 생의 화두에 동참하는 고통의 꽃"으로 승화시키고 있다.

　　　　손끝에 발가락 끝에 물집이 생겼다
　　　　누가 지었을까
　　　　세상에 이런 위태로운 자리에
　　　　세상에서 제일 작은 집을 지어 놓고 누가 사나
　　　　이름은 예쁘지만 차라리 노숙이 낫겠다
　　　　몸속에서 잘 흐르지 못하고 튕겨져 나온
　　　　그 붉은 피의 외마디 입 안에서도
　　　　하나 살고 있다
　　　　입술을 거치지 않고 몸속으로 올라와
　　　　기어이 따로 숨어 집을 지어
　　　　내 생의 화두에 동참하는
　　　　고통의 꽃
　　　　그것은 부드럽지만 칼끝이었을
　　　　감상투성이의 나약한 계집일지도
　　　　얇고 부실해서 언제 주저앉을지 모르지만
　　　　그것은 뼈에 깊이 닿아있는 집
　　　　몸 끝을 터로 삼아 마지막 수행처 하나 지었으니

현대판 노아의 방주인 릴리패드 프로젝트(Lilypad Project) 해수면 상승 등 지구재난에 대비한 5만 명 수용의 움직이는 인공섬. 빈센트 칼리바우트(Vincent Callebaut)가 제안하였다(왼쪽) 두바이에 건축될 다이나믹타워, 80층으로 각층이 풍력에 의해 90분에 360도 회전한다.

저 물집 허물어지면

불씨 자욱이 내 발등에 내리겠다.

　　신달자 〈물집〉

신달자(1943~, 경남 거창)
『열애』, 민음사.

　시인들은 집이 아닌 것에서 집을 만들고, 엄연한 집인 간이역사에서는 집의 역할을 인정하지 않는다. 머물지 않으니 역사에 기록할 것이 없다는 것이다. 그러나 시인의 시가 거기에 머물기만 했을까? 간이역을 말 없는 민초들로 보고, 머물지 않고 지나쳐가는 기관차를 위정자로 본 것은 아닐까?

　유명한 건축가 루이스 칸Louis Kahn은 "위대한 건축은 측정할 수 없는 것으로부터 시작하며, 설계 과정에서는 측정할 수 없는 것으로 끝나지 않으면 안 된다"고 하였다. 나라의 근본인 백성은 정치인이 측정할 수 없다.

　기차는 이 간이역에서 서지 않는다

오직 지나쳐지기 위해 서 있는 낡은 역사

무언가 우리 생에서 지워지고 있다는 표시

김진경(1953~, 충남 당진)
『슬픔의 힘』, 문학동네.

김진경 〈시간 위의 집〉

영혼이 떠나간 집, 영혼이 머무는 집

사람이 죽었을 때 시신을 처리하는 방법은 다양하다. 티베트처럼 독수리에게 시신을 뜯어먹게 맡기는 조장鳥葬이 있는가 하면, 초장이라 하여 시신을 풀로 덮어 살을 썩게 한 후 뼈만 추려서 묻는 세골장洗骨葬은 1세기 전만 하여도 전라도 해안지방에서 널리 행하여졌던 풍습이다.

"시신을 처리하는 과정은 크게 보아 시신을 땅 위에 버리는 방법, 땅속에 묻거나 돌 등으로 덮는 방법, 불에 태우는 방법, 물속에 버리는 방법 등으로 나눌 수 있다. 일반적으로는 이것들을 각각 풍장風葬·매장埋葬·화장火葬·수장水葬이라고 불러 구분하고 있다."[*]

*민족문화대백과

한국의 분묘는 지표면을 기준으로 해서 지상과 지하로 구분해서 분류해볼 수 있다. 우선 분묘를 지하로 처리한 사례는 토장묘와 돌덧널무덤, 석상묘, 덧널무덤, 독무덤 등의 경우에 해당된다. 반대로 지상에 설치한 분묘로는 동굴묘와 돌무지무덤, 고인돌 등이 이 사례에 해당된다.

고인돌은 선사시대 돌무덤의 일종으로 피라미드Pyramid, 오벨리스크Obelisk, 영국의 스톤헨지 등과 같은 거석문화의 산물이다. 우

1. 의상대사 등을 모신 부석사 조사당. 2. 화순 최경회 장군 사당. 3. 양동 낙선당의 사당. 양반가에는 조상의 신주를 모시는 사당 또는 가묘가 집안 뒤쪽에 위치하였다. 서민들은 가난하기에 단지에 신주를 봉안하였다. "신줏단지 모시듯 한다"란 속담이 생긴 연유다. 4. 영양의 가묘. 사진과 같이 사찰과 서원 그리고 유명한 사람을 위한 사당이 종가의 사당과 달리 세워졌다. 이는 불천위라 하여 세세토록 제향하기 위함 이다. 불천위가 아닌 사람들은 5대 이후에는 사당을 떠나 시향(時享)을 받는다.

이집트의 피라미드. 큰 것은 밑변 230미터, 높이 177미터로 5천여 년 전부터 축조되었다. 지구상에서 가장 큰 영혼의 집이다.

장군총. 중국 지안 토구자산 중 허리에 있는 고구려 장수왕릉으로 돌무지무덤이다. 7층의 계단식 피라미드로 한 변의 길이는 31.5~33미터이며, 높이는 현재 14미터이다. 상부에 건물이 있었던 것으로 추정한다.

리나라 청동기시대의 대표적인 무덤 중의 하나인 고인돌은 고창·화순·강화 고인돌 유적이 2000년 세계문화유산으로 등재되었다. 동북아시아 지역이 세계적인 분포 밀집지역인데 특히 우리나라는 전국적으로 약 30,000여 기에 가까운 고인돌이 분포하고 있는 것으로 알려져 있다. 밀집 분포도 형식의 다양성으로 고인돌의 형성과 발전 과정을 규명하는 중요한 유적이며 유럽, 중국, 일본과도 비교할 수 없는 독특한 특색을 가지고 있다.

시인은 청동기시대 족장을 고인돌에서 부활시킨다.

시간의 집, 고인돌 속 족장이 살아나다

먼 옛날 강화도에 살았던 어느 족장은
돌 세 개를 지상에 세워두고 사라졌다
두개의 굄돌 위에 수십 톤의 넓적 돌로 지붕을 올린
시간의 집
우직한 석공이 단단한 구릉에 돌을 심어
수천 년, 땅속 깊이 뿌리를 내린 / 오래된 돌집에서
그를 만난다

들개처럼 벌판을 쏘다닌 다리 / 완강한 근육이 불거져있다
작살을 움켜쥔 손가락, 물갈퀴가 돋아있다
짐승털을 두른 여문 어깨에
어둠을 노려보는 짐승의 눈알이 박혀있다.

토기와 석촉을 빚으며 돌이 된 손

벌판을 달리던

다급한 북소리, 뿔나팔 소리

갯벌에 쓰러진 숱한 죽음도 헤아려 본다

고분의 벽화 속에 살던 / 한 사내

수 천 년을 건너와

문짝 떨어진 돌무덤에 누워있다.

마경덕 〈강화 고인돌〉

한국은 세계적인 고인돌 나라이
다.

마경덕(1954~, 전남 여수)

시신이 함께 있는 인도의 타지마할 영묘

씨족이나 부족국가의 수장 무덤이 고인돌이라면, 나라가 세워지고 왕권이 확립되면서 그 규모는 건축물로 변해갔다. 작게는 백제의 무령왕릉처럼 전돌로 쌓고 흙으로 덮은 지하 구조물부터 이집트의 피라미드, 고구려 장군총 같은 거대 석조물 그리고 인도의 타지마할 같은 아름다운 영묘건축이 있다. 이 모든 것이 시신과 함께 영혼이 머무는 무덤 건축, 즉 음택陰宅이 되었다.

타지마할은 2만 명의 기술자들이 22년간에 걸쳐 지은 대역사이며, 그 당시 세계 각국의 모든 건축기술을 집약한 최고의 걸작품이다. 그러나 그 뿌리는 몽골의 칭기즈칸과 연결고리를 갖고 있다. 칭기즈칸의 장남 차카타이는 본국의 대칸 자리를 동생에게 양보하

인도의 타지마할. 세계 8대 불가
사의로 꼽히지만 시신이 안치된
곳으로 무덤을 겸하고 있다. 반면
에 한국 종가의 사당은 고인의 위
패나 영정을 모시고 시신은 없다.
진정한 의미의 영혼의 집이다.

고 중앙아시아에 차카타이칸국을 세웠으며 그 후손 티무르는 티무
르제국을 건국했는바, 지금의 우즈베키스탄이다. 150년 후 손자
바베르가 갠지스강을 넘어 인도를 정복하고 1529년 몽골제국의
이름을 살려 무굴제국을 세웠다. 1653년 샤자한이 왕비 뭄타즈 마
할의 묘소로 만든 타지마할의 모델은 그의 선조 티무르칸의 영묘
(우즈베키스탄 사마르칸트)가 기본이 되었다.

또 미켈란젤로 같은 예술가도 교황의 영묘를 설계하였다.

인도 타지마할 영묘의 시조 격인
우즈베키스탄 사마르칸트에 있는
티무르대제 영묘.

시인이 지은 영랑호 속의 가족영묘

한국에는 시로 지은 영묘도 있다. 빚에 쪼들려 한 가족이 모두 투
신자살한 영랑호에 그들을 위해 시인이 지어준 〈물속의 집〉이다.
한 많은 부모 만나 피지도 못하고 죽은 어린 영혼들, 이들을 위한 시인의 노래는 기도문이자 진혼곡이다.

건축술이 발전하면서 석유부국의 수도 두바이에는 수중호텔이
지어진다. 물고기들이 천장과 벽을 유영하는 아름다운 곳이다. 자
연에 눈물을 섞어 지은 '물속의 집'과는 깊은 바다만큼 거리가 있다.

아랍에미리트 두바이 하이드로폴
리스 수중호텔 객실. 시인은 이 수
중호텔보다 한결 따사로운 영혼
의 집을 지었다.

그해 겨울 영랑호 속으로
빚에 쫓겨 온 서른세 살의 남자가
그의 아내와 두 아이의 손을 잡고 들어가던 날
미시령 넘어온 장엄한 눈보라가
네 켤레의 신발을 이내 묻어주었다

고나나 청둥오리들은
겨우내 하늘 어디선가 결 고운 물무늬를 물고 와서는
뒤뚱거리며 내렸으며
때로 조용한 별빛을 흔들며
부채를 청산한 가족들의 웃음소리가
인근 마을까지 들리고는 했다
얼음꽃을 물고
수천마리 새들이 길 떠나는 밤으로
젊은 내외는 먼 화진포까지 따라 나갔고
마당가 외등 아래서
물고기와 장난치던 아이들은
오래도록 손을 흔들었다

그러나 그 애들이 얼마나 추웠을까 생각하면

지금도 눈물이 나의 뺨을 적신다

그래도 저녁마다

설악이 물 속의 집 뜨락에

아름다운 놀빛을 두고 가거나

산 그림자 속 화암사 중들이

일부러 기웃거리다 늦게 돌아가는 날이면

영랑호는 문을 닫지 않는 날이 많았다

그런 날 물 속의 집이 너무 환하게 들여다보였다

― 95년 1월 빚 때문에 영랑호에 와 자살한 가족을 위하여

이상국(1946~, 강원 양양)
『집은 아직 따뜻하다』, 창비.

이상국 〈물속의 집〉

한국건축의 자랑 종묘宗廟는 진정한 영혼의 집이다

화려한 문양의 전돌로 정교하게 만든 백제 무령왕릉 내부.

지금까지 살펴본 영혼의 집은 엄밀하게 말하면 틀린 것이다. 죽은 자의 육신이 보관되어 있으니 영혼과 육신이 함께하는 집이며 무덤인 것이다. 순수하게 영혼만 머무는 집은 한국과 중국에 있는 사당이다. 국왕의 영혼을 모신 곳은 종묘이고, 백성들의 선조를 모신 곳은 가묘家廟 또는 사당이라 하는데, 사당은 국가나 지역에서 충신과 장군 등을 모시기도 한다.

이 중 가장 크고 아름다운 곳이 종묘宗廟이다. 조선국 왕들의 영혼을 모시는 종묘는 세계에서 제일 긴 목조건물이다. 그 장엄미가 외국 건축가들의 찬탄을 자아내게 한다. 시신이 없는 진정한 영혼만의 집, 종묘는 한국건축의 자랑이다.

우리나라 종가의 사당祠堂이라 일컫는 가묘家廟는 집 안에서 가장 높고 조용한 곳에 세워진다. 대개 전면 3칸 집인 가묘는 4대조의 위패를 모신 영혼의 집이다. 조선시대는 물론 반세기 전만 하여도 종손이나 자손은 집안의 대소사를 고하고, 멀리 나갈 때나 돌아와서도 아뢰는 신성한 곳이었다. 상민의 집에는 사당을 지을 만한 여력이 없음으로 장손 집에서 단지에다 신주를 담아 시렁 같은 높은 곳에 모셔두었다. 귀한 물건을 "신줏단지 모시듯 한다"란 속담이 이로 인하여 나오게 되었다.

조선조 왕들의 안식처 종묘. 가운데 높은 지붕을 중심으로 왕의 국장이 끝나면 좌나 우로 한 칸씩 증축하였다.

신도(神道). 돌이 3줄로 깔려있다. 가운데 돌길이 죽어 신이 된 왕들이 다니는 신도(神道)이다. 왕도 다니지 못했다.

1. 사학인 도산서원에서 제향하는 사당 상덕사. ⓒ 문화재청
2. 청주 신채호 선생의 사당.
3. 상덕사 내부. ⓒ 문화재청
4. 논산 명재고택의 사당 내부에 모신 부모, 조부모, 증조부모,
고조부모의 4대 선조의 감실. ⓒ 명재고택 사진첩

신으로도 잠재울 수 없는 슬픈 영혼의 집

　이제, 죽음이 아닌 마음에 새겨둔 사랑하는 이를 그리는 연시戀
詩, 〈영혼의 집〉으로 이 장의 끝맺음을 하고자 한다.
　과연 나에게도 사랑하는 사람이 내 영혼의 집일까.

이 넓은 세상
　우주 한가운데에
　수많은 무리가운데서
　'그대'라는 이름의
　마음 하나 새겨 두고
　이토록 가슴 아파하는 것은?
　하늘의 별, 아득하기 때문인가
　지상의 바람, 흔들림 때문인가
　아, 신으로도 잠재울 수 없는
　내 슬픈 영혼의 집이여!

　　이영춘 〈영혼의 집〉

ⓒ 관광공사 윤은준

이영춘(1941~, 강원 평창)
『그대에게로 가는 편지』,
시와시학사.

아파트에서 스카이라인을 살린 서울 송파의 올림픽 선수기자촌 아파트
부분. 두 개의 자연 하천을 끼고 부채꼴 모양으로 배치되었다.(위) 잠실
일대 똑같은 높이의 판상형 아파트의 숲(아래).

아파트

서양 사람들은 한국의 아파트 문화를 이해할 수 없다고들 한다. 삶의 질로 볼 때 주거 형태는 단독주택이 제일 좋다. 다음이 2호나 4호 등 연립주택이고 아파트는 가장 열악한 형태이니 그럴 수밖에 없다. 그러나 한국인들은 아래 위층 간의 소음이나, 공동정원 등으로 인한 자유로운 행동의 제약을 감수하고 아파트를 좋아한다. 이는 언제나 틀기만 하면 온수를 쓸 수 있고, 문만 잠그면 온 가족이 해외여행을 하여도 안전함을 보장받을 수 있는 등 장점을 선호하기 때문이다. 도시에서 우리의 단독주택지 면적은 넓은 땅을 가진 그들과 비교할 수 없을 정도로 좁기에, 그들의 잣대로 잰다는 것은 무리가 있다. 이 책은 한옥을 위주로 하지만 국민의 반 이상이 이미 아파트 생활을 하고 있는 현실이기에 그 속을 살펴보기로 한다.

한국 최초의 대단위 아파트인 마포아파트. 난방이 연탄이었다.
ⓒ 국가기록원 3CET0064754

한국은 아파트 왕국이다

잠실주공아파트 5개 단지 중 최초로 지어진 1단지 아파트. 성냥갑 모양의 5층에 연탄난방이었다.

아파트를 짓기 위해서는 넓은 땅이 필요하다. 이러한 부지를 만들기 위해서는 이미 지어진 집들을 한꺼번에 수십, 수백 채씩 헐어내야 한다. 이것을 전문용어로 재개발이라 한다. 분당이나 일산, 산본 그리고 최근 동탄 등은 자연부락 몇십 개를 하나로 하여 아예 새로운 도시를 만든 예이다. 이러한 신도시를 만들려면 사람들은 살던 집을 떠나야 하고, 산은 깎여지며 골짜기는 메워지고 나무들도 잘리는 환경 손상이 생겨난다.

집은 사람이 살아가는 데 반드시 필요한 3대 요소 중 하나이며, 그 자체가 예술이지만 한편으로는 자연을 파괴하는 일이기도 하다. 시인들은 옛것을 부수고 새것을 만드는 데 민감하다. 헌집을 부수고 기능적이고 편리한 새집을 짓는 것은 인류의 발전 과정에서 당연한 것이지만, 그 속에서 어렵게 생활하던 사람들이 보금자리를 잃고 떠나는 것은 아픔이다.

재개발아파트, 그 당위성 속에 감춰진 아픔

재개발 전의 아현동 원경. 재개발 결정이 내려지면 설계가 진행된다.

(전략)

북아현동에는 천 개의 빈집이 있다

나는 천 개의 비문을 하나씩 읽어나간다

천 개의 지붕 위로 천 개의 달이 지고 천 개의 해가 떨어진다

천 개의 낮과 밤이 생겼다가 무너져 내린다

천 개의 하루가 하루아침에 살지고 천 개의 아름다운 도착이

소리도 없이 사라졌다 천 개의 바닥이 무너졌기 때문이다

이웃은 소식을 끊은 지 오래 누구도 이곳을 즐기지 못한다

가슴을 천 갈래로 찢어놓았기 때문이다

한때 누구보다 이 골목을 잘 알던 개와 고양이

그림자도 얼씬하지 못한다 다리 달린 것들은 모두 쫓겨났다

까치와 라일락과 천 개의 구름, 날개 있는 것들은 모두 쫓겨났다

어둠에 휩싸인 언덕이 순한 가축처럼 엎드린다

중장비가 그 언덕머리를 베어낸다

모가지를 단칼에 날리지 않고 천 번을 내리친다

천 개의 관이 비탈길에 널려 있다.

박지웅 〈천개의 빈집〉 중에서

박지웅(1969, 부산)
『구름과 집 사이를 걸었다』,
문학동네.

아파트, 입주의 기쁨과 떠나는 아픔

서울의 북아현동을 비롯한 마포 신촌 일대는 재개발이 아직도 진행 중이다. 금호동은 이미 끝나 아파트 숲이 되어버렸다. 부산 등 대도시도 재개발 붐이다. 집 없고 가난하여 달동네에 방 한 칸 얻어 생활하던 세입자들은 시내와 동떨어진 변두리도 나가야 했고, 그만큼 불편한 생활을 해야 하는 불이익이 따랐다. 그런데 그러한 변두리도 지하철, 전철이 생기고 고속도로가 뚫리면 새로운 아파트 단지가 들어섰다. 그러면 없는 사람들은 또다시 변두리의

변두리로 쫓겨나야 했다. 그와 반대로 새로운 아파트에 당첨된 사람들은 새집을 갖는 기쁨으로 들떠 이사하고, 프리미엄을 챙기려는 복덕방과 인테리어 가게, 커튼집 등은 특수를 맞았다. 아파트를 한 채 갖는다는 것은 한국인에게 평생에 이뤄야 할 소원 1호가 되어버린 지 오래다.

인부들이 몰려와 땅을 파고 아파트나무를 심은 것은
고교입학 때였다 맨 먼저 커다란 파일이 내려가
지하 깊은 곳에 뿌리를 박았다
모세혈관 같은 철근들이 묶이고
제법 단단한 각질이 덧대어지기도 했다
시끄러운 소음과 분진을 광합성하여
자고 나면 조금씩 높아지는 아파트,
그 위를 크레인이 내려다보며 키를 재곤 했다
물 층층마다 유리가 끼워지자 가끔씩
저녁 해가 모서리에서 붉게 터졌다
어느 날부터는 커다란 광고가 이파리처럼 매달렸다
분양사무실 칠판은 곧 수확할 열매를 위해
씨방의 규모를 세세하게 적어두었다

(중략)

고층 사다리차가 올라가 해바라기 씨 같은 짐들을
들여놓았고, 그날부터 엘리베이터가
빠르게 펌프질되기 시작했다 그런 밤마다
밝고 노란 열매들이 매달렸다

단지 둘레는 낙과처럼 기로들이 즐비했다

아파트가 해를 가린 즈음부터 나는 더 이상 자라지 않았다

우리 가족은 아파트가 자라지 않는 외곽으로

이삿짐트럭을 몰고 꽃피러 떠났다.

윤성택 〈아파트나무〉

윤성택(1972~, 충남 보령)

『리트머스』, 문학동네.

국적불명 아파트 이름, 시골 시어머니 못 찾아오게

한국의 아파트 이름을 외래어로 어렵게 지은 것이 '귀찮은 시골 시어머니가 찾아오지 못하게 하기 위한 것'이라는 우스갯말은 벌써 오래된 버전이다. 또한 이러한 문제에 대한 비평도 그간 많이 있어 왔다. 되돌아보면 80년대까지만 하여도 아파트 이름은 회사명과 동네 이름이 어우러져 지어졌었다. 그러다 현대아파트가 홈타운이라는 이름을 쓰면서 한층 격상된 고급아파트의 이미지를 형성하게 되었다.

2006년도 신문기사를 보면 강서구에 있는 현대아파트가 현대홈타운으로 이름을 바꾸자, 석 달 만에 32평형이 3억 8천만 원에서 5억 2천만 원으로 뛰었다고 보도하고 있다. 이에 모 의원은 무늬만 홈타운인 짝퉁아파트가 등장하여 부동산 가격만 올린다며, 이름을 바꾸지 못하게 하는 법률을 제정하여 법사위에 회부했다는 소식도 전하고 있다.

최초의 등록 브랜드 래미안과 e-편한세상, 어울림, 푸르지오 등

사각형의 단순한 형태를 벗어난 소규모 주상복합 아파트의 외관.

올림픽공원을 마주하고 선 두 아파트의 모습. 스카이 라인이 살아 있는 올림픽 선수기자촌 아파트와 거의 같은 높이로 아파트 숲을 이룬 파크리오 아파트(아래).

초기의 브랜드들은 이해가 쉬웠다. 그러나 이후 쉐르빌, 아너스빌, 피오레 등 어려운 외래어 브랜드들이 양산되었다. 다행인 것은 건설사들의 피나는 홍보로 그나마 이제는 귀에 익게 된 점이다. 그런데 여러 건설사가 참여한 대단지 재개발아파트는 시공사의 브랜드를 붙일 수가 없다.

필자는 재건축한 잠실 트리지움 아파트 새집에 이사와 5년을 살았다. 이사했으니 주소를 불러줘야 할 일이 많았다. 휴대폰은 문자로 되는데 일반 전화가 문제였다.

"뭐라고?"

"나무를 영어로 '트리'라고 하지? 그 '트리'에 '지움'이야." "체육관의 짐나지움 있지, 아니 지식의 '지'와 움막의 '움'." "음악의 음?" "아니 시묘할 때 상제가 기거하던 움막…."

이 아파트의 옛 이름이 '잠실주공3단지 아파트'이다. 그러니까

아파트의 진화는 평면뿐 아니라 환경과 조경에서도 두드러진다.
1. 올림픽 선수기자촌 아파트 내 성내천 징검다리.
2. 연속된 작은 운동장.
3. 숲이 된 가로수길.
4. 잠실3단지를 재개발한 트리지움아파트의 전통정자와 연못 (연못의 조경은 일본식이다).

영어의 '3'을 '트리'라 하고 체육관 등을 일컫는 영어 '짐나지움'에서 '지움'을 따서 '트리지움'으로 한 것 같다. 1단지는 엘스, 2단지는 리센츠인데 어원을 모르겠다.

잠실 시영아파트의 파크리오는 사전을 찾아보니 영어의 공원과 '강'이란 포르투갈어의 합성이다. 올림픽공원의 길 건너에 있고 한강이 주변에 흐르니 이 둘을 합성한 듯하다. 이곳의 주민들은 '파크리오'의 어원도 모르면서 필자와 같은 고충을 겪고 있을 것이다. 이러한 현상은 외제 좋아하는 한국인의 허영심과 이에 편승한 건설사의 합작품인 셈이다.

그런데 아파트 자신은 어떻게 생각할까? 이들의 속내를 들여다보자.

나는 감정을 가진 아파트이다

건설사의 아파트 이름들

이제 아파트도 감정을 가지게 되었다
푸르지오, 미소지움, 백년가약, 꿈에 그린, 이 편한 세상……
집들은 감정을 결정하고 입주자를 부른다

생각이 많은 아파트는 난해한 감정을 보여주기도 한다
타워팰리스, 롯데캐슬베네치아, 미켈란, 쉐르빌, 아크로타워……
집들은 생각을 이마에 써 붙이고 오가며 읽게 한다
누군가 그 감정에 빠져 입주를 결심했다면
그 감정의 절반은 집의 감정인 것
문제는
집과 사람의 감정이 어긋날 때 발생한다
백년가약을 믿은 부부가 어느 날 갈라서면
순식간에, 편한 세상은 불편한 세상으로 바뀐다
미소는 미움으로, 푸르지오는 흐리지오로 감정을 정리한다
서로 다르다는 것을 알기까지는
그리 오래 걸리지 않는다

진달래, 개나리, 목련, 무궁화 아파트는 제 이름만큼 꽃을 심었는가
집들이 감정을 정할 때 사람이 간섭했기 때문이다

금이 가고 소음이 오르내리고 물이 새는 것은
집들의 솔직한 심정,

이제 집은 슬슬 속마음을 열기 시작한다.

마경덕 〈집들의 감정〉

마경덕(1954~, 전남 여수)
『신발論』, 문학의전당.

와우 아파트, 그 붕괴의 아픔

한국에 아파트가 처음 건립된 것은 일제치하였으나 본격적인 아
파트시대는 1960년대 이후이며, 최초의 대단지 마포아파트는 연
탄으로 난방하였다. 1970년 서울시장은 서민들에게도 편리한 아
파트를 제공하고 판잣집으로 뒤덮인 도시 미관을 개선하는 두 마
리 토기를 잡기 위하여 시민아파트를 의욕적으로 지어 분양하였
다. 그러나 졸속으로 지은 시민아파트는 지은 지 3개월 만에 33명
이 죽고 38명이 부상을 당하는 아픔을 시민에게 안겨줬다. '와우'
를 '와르르 와르르'의 의성어로 둔갑시킨 김정환의 시 〈와우 아파
트〉 그대로이다.

와우아파트 붕괴 현장. 불도저식
건설 추진과 적당주의가 이런 참
사를 가져왔다.
ⓒ 국가기록원 CET0064778

> 하늘에 거대한 구멍이 뚫린 듯, 희망이 산산 박살난 듯
> 와우 아파트는 무너져 내린 다음에도 / 와르르 소리를 여전히 외치고
> 와르르 소리는 그 밑에 다닥다닥 붙어 있던
> 판잣집들을 아직도 덮치고 있었다
>
> (후략)

김정환 〈와우 아파트〉 중에서

김정환(1954년~, 서울)
『회복기』, 청사.

나는 2016호 독방 수인囚人으로 살고 있다

오늘날 한국인의 반 이상이 위의 시처럼 획일화된 아파트 등 공동주택에서 좋든 싫든 살아가고 있다. 시인들의 주거 통계도 이와 비슷하다.

김은영(1964~, 전북 완주)
『아니, 방귀 뽕나무』,
사계절 출판사.

김은영 시인은 〈아파트1〉에서 "사람들이 / 아침마다 / 서랍장을 열고 나왔다가 // 밤이면/ 다시 서랍장 안으로 들어가서 / 차곡차곡 쌓인다 / 층층이 쌓여 잠드는 곳"으로 표현하고, 이사라 시인은 자신을 그 속에 갇힌 죄수라며 동호수를 수인번호로 대체한다.

아파트가 들어서기 전 도시의 주택가는 차가 다닐 수 있는 길부터 연탄 실은 리어카나 다닐 수 있는 좁은 골목길, 그조차도 다니기 어려운 좁디좁은 골목길 사이로 단층집들이 있었고, 가끔 보이는 2층 양옥은 선망의 대상이었다. 어린 날의 그런 '수평 골목길'엔 두부장수의 종소리부터 한겨울밤 '메밀묵 사려'란 외침까지 삶의 싱그러운 소리들과 이웃 간 정겨운 인사와 나눔으로 차 있었다. 그러나 고층아파트에 설치된 '엘리베이터의 수직골목'은 침묵과 외면으로 정적만이 흐르는 길이다. 또 이 길은 건물의 붕괴사고로 없어지기도 한다. 그럼에도 오늘을 사는 우리는 자연스레 이 속에 동화되어 살아가고 있다.

나, 오늘도 수직골목으로 들어가요

(중략)

골목 문이 여닫히고

21층에서 12층에서 내려오는 동안

거의 아무도 만나지 못하는 나날이죠
굴뚝을 달리는
굴뚝 연기 같은 나를
굴뚝 연기 같은 그들이
알아챌 수 없으니까요

싱가포르 카펠섬 인근에 곡선으
로 지어진 고급 아파트 단지.
ⓒ신중식

그러니 나, 굴뚝으로 오르내리는 다락방의 천사이거나
B1 B2 B3 지하동굴의 순교사랍니다
실체 없는 2106
6012 독방 수인囚人

한때는 타박타박 수평골목 출신이었죠
길을 넓혔다가 접었다가 늘렸다가 줄였다가
뻥튀기했다가 콩알만 하게 가슴이 콩알만 하게
살고 싶었던 골목의 속살들, 기억나요

어제처럼
수직제국이 폭삭 사라졌거나 또 사라지는 그날들이
중동의 사막 전투처럼 허허로울 때
가슴 속에 지뢰를 품고 평화로운 골목을 오르내렸지요
평화골목에는 평화사막이 있고
수직이 자연스러운 인간의 무서운 후예의 후예가 살고 있지요

이사라 〈수직 골목〉 중에서

이사라(1953~, 서울)
『시간이 지나간 시간』, 문학동네.

1970년대 말에 지어진 서울 잠실 주공 5단지의 평면도. 방이 한곳에 몰려있는 서양식 평면도(왼쪽), 오른쪽은 거실을 마주 보고 자녀들의 방과 안방이 구분된 잠실3단지 재건축 아파트(2000년 대). 한옥의 안방, 마루, 건넌방의 배치법을 그대로 옮겨온 것이다.

아파트에 호의적이지 않은 시인들의 인식은 당연한 것이지만 아파트에도 우리의 전통은 살아있다. 방 배치가 그렇고 온돌을 대신한 바닥 난방이 그렇다. 서양은 낮과 밤의 공간으로 구분하여 설계한다. 즉 방은 한데 몰려있고 거실 식당 부엌 등이 한곳에 있다. 이에 반하여 한옥은 사용자에 따른 배치, 즉 안방과 건넌방을 대청으로 구분한다. 아파트에서 부부침실과 자녀 방이 거실을 중심으로 나누어져 있는 것은 전통적인 한옥의 배치 방법을 따른 것이다. 옆쪽의 평면도를 보면 확연히 구분할 수 있다.

이러한 건축가들의 노력에도 불구하고 똑같은 평면이 수직으로 쌓여있는 공동주택의 단점은 탈피할 길이 없다.

혼자 사는 아파트 창가에 걸린 반달, 어머니

이런 아파트에서 가장 외로운 사람은 시골에서 올라온 부모님들이다. 아는 사람도 없고 할 일도 없다. 도시의 지리에도 문화에도 서먹하다. 그러다 보니 아파트에 갇혀있는 죄인 꼴이다. 이시영과 박형준 시인은 똑같이 〈어머니〉란 시를 통하여 아파트에 모셔온 어머니를 안타까워하는 시를 쓰고 있다. 이시영은 어머니의 일생을 시로 쓰면서 특별히 아파트에 모셔온 어머니를 "새처럼 가둘 줄이야 어찌 아셨겠냐"며 죄송해한다. 박형준 시인은 밤중에 자갈길도 마다하지 않고 살아오신 용감한 어머니를 아파트에 모셔놓자 낯설고 무서워 대낮에도 꼼짝 못하는 그 측은지심과 죄스러움을 "낮에 잘못 나온 반달이여"란 한 구절로 표현하고 있다. 여기에는 이 시인의 시가 길어 박 시인의 〈어머니〉만 소개하지만, 독자들은 이시영 시인의 〈어머니〉도 기회 닿는 대로 감상해보기 바란다.

색깔 입는 아파트. 회백색 계통의 단순한 아파트 입면에서 진화한 서울 반포 재건축 아파트.

낮에 나온 반달, 나를 업고
피투성이 자갈길을 건너온
뭉툭하고 둥근 발톱이
혼자 사는 변두리 아파트 창가에 걸려있다
하얗게 시간이 째깍째깍 흘러가버린,

낮에 잘못 나온 반달이여

박형준 〈어머니〉

박형준(1966~, 전북 정읍)
『나는 이제 소멸에 대해서 이야기하련다』, 문학과지성사.

사람도 꽃도 땅을 밟고 살고 싶다

어머니는 생활이 불편해도 시골집으로 돌아가고 싶어 한다. 하기사 돌아가고 싶은 것은 사람만이 아니다. 꽃이나 나무에게도 아파트는 떠나고 싶은 곳이다. 꽃밭에 살지 못하고 화분 속에서 생명을 유지한다는 것은 마치 조롱 속의 새와 같이 꽃들에겐 감옥살이이다. 그렇기에 꽃잎은 떨어져 울고, 나무는 서서히 죽어간다.

너의 좁은 아파트 한 구석
시든 꽃잎 하나 헉! 소리를 내며
우글쭈글해진 모노륨 마루 위에 눕는 소리 들린다.
- 땅에 내려가고 싶다
누가 흑흑 흐느끼기 시작한다.

강은교(1945~)
『벽 속의 편지』, 창비.

강은교 〈꽃잎〉

암스테르담의 리빙 투모로우 (Living Tomorrow) 주상복합아파트·발코니의 다양함이 추상화를 보는 것 같다.

많은 세대가 있는 대단지 아파트에 살다 보면 누구나 한 번쯤 겪는 실수가 있다. 새벽같이 출근하고 회사의 회식이나 동창회 등으로 만취한 날 밤에는 동물적 본능으로 집을 찾는다는 것이 가끔 옆동의 같은 층수 같은 호수로 가는 경우이다. 마치 전후문학전집에서, 똑같이 지어진 연립주택단지에 사는 주인공이 술에 취한 밤에 자기 집 대신 남의 집에 들어가 남의 아내를 품는 실수를 하는 것과 같이. 더구나 앞집, 옆집에 누가 사는지조차 모르는 단절된 시대에 우리는 살고 있다.

낯선 그녀의 희고 아름다운 다리

(전략)

나 대낮에 꿈길인 듯 따라갔네

점심시간이 벌써 끝난 것도

사무실로 돌아갈 일도 모두 잊은 채

희고 아름다운 그녀의 다리만 쫓아갔네

나 대낮에 여우에 홀린 듯이 따라갔네

어느덧 그녀의 흰 다리는 버스를 타고 강을 건너

공동묘지 같은 변두리 아파트 단지로 들어섰네

나 대낮에 꼬리 감춘 여우가 사는 듯한

그녀의 어둑한 아파트 구멍으로 따라 들어갔네

그 동네는 바로 내가 사는 동네 / 바로 내가 사는 아파트!

그녀는 나의 호실 맞은편에 살고 있었고

문을 열고 들어서며 경계하듯 나를 쳐다봤다

나 대낮에 꿈길인 듯 따라갔네

낯선 그녀의 희고 아름다운 다리를

장정일(1962~, 경북 달성)
『지하인간』, 미래사.

장정일 〈아파트 묘지〉 중에서

아파트 방바닥이 투명한 유리로 되었다면

아파트는 층층이 쌓여있는 집들의 직렬형 집합체이다. 그렇기에 아파트를 투명한 유리 상자처럼 각 층을 동시에 들여다볼 수 있다거나, 각 층의 바닥이 없다면 어떤 모습이 펼쳐질까?

우리는 이러한 가정이 현실이 아님을 얼마나 다행스럽게 생각해야 하는가.

아세요 그대 아침 운동 페달 돌리고 있을 때, 아직 곤히 잠든 아래층 여자 아랫배 위를 허덕거리며 넘어가고 있다는 사실, 아세요 식사 후 거실 이쪽저쪽 거닐며 콧노래 흥얼거릴 때, 점잖게 신문 보는 아래층 남자 대갈통 지그시 밟아주고 있다는 사실, 아세요 잘 익은 생선 등으로 내려꽂히는 당신 젓가락, 못다 푼 숙제를 향해 엎드린 아래층 아이 등골을 쑤시고 있다는 사실, 아세요 지난 밤 당신이 누른 초인종 그 위층 그 아래층 그 옆층 뒤층 어디를 누르나 같은 웃음소리를 낸다는 사실, 아세요 당신이 뻗을 자리는 어느 길로 접어드나 앞으로 삼보 우로 삼보 좌로 삼보 잠시 주춤 뒤로 삼보에서 끝난

다는 사실, 아세요 칫솔질하는 당신 면상으로 위층 그 위의 위층으
로부터 개숫물이 쏟아져 내리고 있다는 사실, 층층이 포개져 헛구역
질 아내 위에 그 위층 그 아래층 아내와 남편 사이에 겹겹이 포개져
있다는 사실, 이름도 얼굴도 모르는 위층 아래층을 향해 오르가슴은
달리고 있다는 사실, 잘 차려진 그득한 행복 위로 누가 자꾸 가래침
을 뱉고 있다는 사실

최영철 〈아래층 여자 그 아래층 남자〉

최영철(1956~, 경남 창녕)
『그림자 호수』, 창비.

그는 죽어서 관 속에 있고 나는 살아서 관 속에 있다

아파트는 직렬형과 함께 옆집이 붙어있는 병렬형이기도 하다. 김
혜순 시인은 최영철 시인과 달리 옆집과 공유한 벽을 들여다본다.

옆집 남자가 죽었다
벽 하나 사이에 두고 그는 죽어 있고
나는 살아 있다 그는 죽어서 1305호 관 속에 누워 있고
나는 살아서 1306호 관 속에 누워 있다

우리는 거울처럼 마주 보고
마주 보고 드러눕고 마주 보고 일어나고
마주 보고 맨몸에 물을 끼얹으며
마주 보고 확성기를 틀고 마주 보고 팬터마임을 하고

1. 단조로운 단일색에서 컬러풀하게 바뀌는아파트의 외관.
2. 조깅코스가 아파트 단지 외곽에 연해 있다.
3. 가로 벤치와 소공연장.
4. 차 없는 아파트 보행자의 천국.

마주 보고 대포를 겨눈 채

오늘 나는 옆집에 문상 가지 않는다
그와 나는 호수號數가 다르니까
그는 어젯밤 깊은 밤 죽어서 / 벗은 발을 거울 밖으로 쑤욱 내밀었지만
그는 어젯밤 깊은 밤 죽어서
병풍 앞 공손히 조아린 자식들 / 친구들을 보여주면서 웃어 제쳤지만
오늘 나는 문상 가지 않는다 그 남자의
자식을 봐도 모른 체 한다 우리는
서로 호수가 다르다

김혜순 〈남과 북〉

김혜순(1955~, 경북 울진)
『어느 별의 지옥』, 문학동네.

　벽을 마주한 아파트를 휴전선에 대치한 남북에 비유하고 있을
정도로 삭막한 아파트의 현실. 그러나 아파트라고 모두 그런 것만
은 아니다. 또한 한국의 아파트는 우리 고유의 온돌과 함께 제3세
계에 널리 퍼져나가고 있으며, 선진국들도 주목할 만큼 큰 성과를
거두고 있다. 본질을 바꿀 수는 없겠지만 건축사들에 의해 아파트
의 평면이나 환경은 계속 진화하고 있다.

아파트의 소음, 걱정할 것 없다

아파트의 층간 소음은 심각하여 살인이 일어나기도 한다. 이러

한 소음을 줄이기 위하여 건축계는 콘크리트 두께를 늘리고 방음재를 까는 등 노력을 계속하고 있다. 그러나 아래의 시는 오히려 소음에서 위로를 받는다. 고독은 외로움인데 그 어원은 부모 자식이 없는 것이다. 즉 부모가 안 계시면 고孤요, 자식이 없으면 독獨이라 한다. 주변에 말 한마디 건넬 사람이 없는 독거노인들은 정적만 흐르는 아파트에서 숨 막힐 것 같은 고독감을 안고 산다. 이럴 때 윗집의 떠드는 소음은 고독을 깨는 약이 될 수도 있다. 살아계실 때 전화 한 통이라도 자주하는 것이 효도이다.

스마트 폰이 울기를
기다리는 때가 있다

현관의 벨 소리가
기다려지는 때가 있다

천정의 층간 소음이
기다려지는 때가 있다

먼 하늘에서 울려오는 우레 소리

우주 또한 그렇다.

오세영(1942~, 전남 영광)　　　오세영 〈어떤 날〉

올림픽 선수기자촌 아파트에 조형물로 세운 현대판 솟대. 새 두 마리가 앉아있다.

2부
구석구석
집 이야기

경주 양동마을의 향단. 박공지붕으로 지어진 집인데 언뜻 보면 팔작지붕
같이 보인다. 아침 안개가 옛집을 신비롭게 감싸고 있다. ⓒ 관광공사

지붕

한국의 지붕은 재료에 따라 크게 초가草家와 와가瓦家로 나눌 수 있는데 이들의 형태는 대조적이다. 초가의 지붕선은 반구형에 가까워 땅으로 내려오는 느낌인데 반하여 기와지붕은 용마루와 추녀 끝이 하늘로 들려 있어 솟구치는 느낌을 갖는다. 즉 기와집이 하늘을 향해 날려는 새 같다면 초가는 땅에 뿌리를 내린 다복솔 같다.

과거의 전통양식이 남아 있는 마을을 살펴보면, 기와집 몇 채가 초가집 여러 채를 거느리고 있는 모습이다. 이는 기와집의 규모가 크고 따라서 건물의 높이도 높아질 수밖에 없는 스케일 때문이기도 하지만, 초가지붕의 향지형向地形과 기와지붕의 향천형向天形 때문에 그리 보일 수밖에 없다. 그런데 기와집이 권력과 부를 쥐고 있는 양반집이고 초가는 권력 없는 백성들의 집이고 보면 마을의 지붕 모습들이 양반 앞에 고개 숙인 민초들을 보는 것 같아 애잔한

마음이 들기도 한다.

땅을 향하는 초가지붕, 하늘로 솟는 기와지붕

오늘날 짓고 있는 한옥의 지붕은 모두 기와를 얹었지만 조선시대
는 물론 1960년대까지만 하여도 농어촌은 대부분 초가지붕이었
다. 한국은 70퍼센트가 산지인 산악국가지만 대부분이 노년기산
으로 그 세가 험준하지 않고 부드럽다. 뒷동산의 능선과 같다. 그
렇기에 우종태 시인은 "초가"를 "산 아래 산만 있었다 / 언덕만 있
었다"라고 읊고 있다.

초가지붕 하면 떠오르는 것이 박이다. 플라스틱 바가지가 없던
시절, 박을 켜서 만든 바가지는 곡식을 담거나 물을 떠 나르는 것
은 물론, 때로는 밥그릇으로도 쓰이던 반드시 있어야 할 살림도구
였다. 그렇기에 집집마다 박을 심었다. 규모가 큰 집들은 박 무게
때문에 지붕이 상한다고 하여 헛간 지붕에 박을 올렸지만 초가삼
간이 모두인 집에선 그대로 박 넝쿨이 지붕 위를 기어올라, 흰 꽃

을 피우고 푸른 박 덩이를 만들었다.

열하일기로 유명한 연암燕岩 박지원의 새벽길曉行이란 시에 초가 지붕에 핀 박꽃이 등장한다. 새벽길이라니 아마도 중국의 북경을 가는 길이었는지도 모른다. 230여 년 전의 우리네 시골 풍경을 묘사한 것이다.

© 조상연 건축사

박지원(1737~1805)
〈효행(曉行, 새벽길)〉, 『연암집(燕岩集)』.

까치 한 마리 홀로 수숫대에서 잠들고　一鵲孤宿薥黍柄
달 밝고 이슬 희고 밭둑 물은 졸졸졸　月明露白田水鳴
나무 아래 작은 집, 바위같이 둥근데　樹下小屋圓如石
지붕 위에 박꽃은 별처럼 반짝이네　屋頭匏花明如星

가냘픈 수숫대에 의지해 잠든 까치는 바람 한 점 없는 고요이다. 3연의 "나무 아래 작은 집, 바위같이 둥근데"까지가 자연이 만든 고요와 화평이라면, 마지막 "지붕 위에 박꽃이 별처럼 반짝"이는 것은 이것들이 살아있어 내일을 향해 나아가는 심벌이다.

초가지붕과 박꽃은 가장 한국적인 풍경이다

박꽃은 장미처럼 화려하지도 않고 백합처럼 향내가 진하지도 않다. 그러나 달빛 속의 박꽃은 청초하고 아름답다. 오늘의 한국인은 반 이상이 아파트에 살고, 농촌에도 초가집이 없기에 박꽃은 일부러 만든 관광농원 등의 정자에서나 볼 수 있게 되었다. 그러나 아직도 박꽃은 장·노년층에게는 어린 날로 돌아가게 하는 마술의 꽃이다.

그날 밤은 보름달이었다

건넛집 지붕에는 흰 박꽃이

수없이 펼쳐져 피어 있었다

한밤의 달빛이 푸른 아우라로 박꽃의 주위를 감싸고 있었다

– 박꽃이 저렇게 아름답구나

– 네

아버지 방 툇마루에 앉아서 나눈 한마디,

얼마나 또 오래 서로 딴 생각하며

박꽃을 보고 꽃의 나머지 이야기를 들었을까

– 이제 자려무나

– 네, 아버지

문득 돌아본 아버지는 눈물을 닦고 계셨다.

오래 잊었던 그 밤이 왜 갑자기 생각났을까

내 아이들 박꽃이 무엇인지 한번 보지도 못하고

하나씩 나이 차서 집을 떠났고

그분의 눈물은 이제야 가슴에 절절이 다가와

떨어져 있는 것이 하나 외롭지 않고

내게는 귀하게만 여겨지네.

마종기(1939~, 일본 동경)   마종기 〈박꽃〉

　　시인 마종기의 아버지는 필자가 어린 시절 재미있게 읽었던 〈앙
그리께〉 등을 쓴 유명한 동화작가 마해송이다. 그리고 시인은 의사
이며 성공한 미국 이민자이다. 그러한 그가 자녀들을 모두 출가시

몽환적인 농촌의 아침 풍경.
ⓒ정병협 건축사

키고 외로움에 젖었을 때 생각난 것이 아버지와 툇마루에서 이야
기를 나눌 때 '한밤의 달빛이 푸른 아우라로 주위를 감싼 박꽃'이
었다. 아버지의 눈물이 아들과의 이별 때문이었는지, 박꽃 때문이
었는지 알 수 없다. 그러나 "그분의 눈물이 이제야 절절이 다가와
외롭지 않다"는 것만으로도 박꽃은 세상 떠난 아버지와 아들의 든
든한 연결고리가 되었다. 그렇다면 이국생활로 "박꽃이 무엇인지
한 번도 보지 못한" 자식을 걱정하는 시인의 심정에서, 우리도 부
모와 자식 간에 어떤 연결고리가 있나 한 번쯤 돌아보자.

두껍아 두껍아 헌 이 줄게 새 이 다오

오래된 집일수록 지붕 두께가 높다. 참새들의 겨울밤은 초가지붕 속이다.

한겨울 참새들은 추위를 피해 초가지붕 밑에 구멍을 낸 후 그 안에서 잠을 잤다. 그 구멍에 손전등 비춰 참새를 잡던 어린 시절이 있었다. 형들은 사다리를 옮기고 손전등을 비추면서 "손이 작은 네가 손을 넣어 참새를 잡으라"고 하였다. 세 구멍, 네 구멍, 허탕을 치다가 손끝에 닿는 참새 털의 부드러운 감촉 그리고 밖으로 꺼낼 때 파르르 떠는 작은 참새의 몸짓. 지금 생각하면 도저히 못할 짓인데, 그때는 참새고기 한 점이 그리 맛이 있었다. 하기사 소 등에 앉은 참새가 "네 고기 열 점보다 내 고기 한 점이 맛있지"라고 놀린다는 말도 있기는 하다.

지붕에 대한 어린 날의 추억은 참새 잡기 외에도 이빨이 얽혀있다. 밤새 아프다 빠진 유치를 머리맡에 소중히 두었다가 아침에 일어나면 지붕을 향해 힘껏 던진다. 그리고 "두껍아 두껍아 헌 이 줄게 새 이 다오"를 몇 번씩 불렀다. 어른들이 시키는 대로 한 것이지만 '혹시 이빨이 안 나면 어쩌나' 하는 걱정으로, 어린 날에는 매우 진지한 의식이었다.

지붕 위의 빛나는 별이여, 어느 날 그대라고 불리웠던

요즈음엔
지붕 위로 올라가는 날이 잦다
내가 누군가를 지나치게 그리워하고

또 그 그리움으로 인해

깨진 저 서녘 하늘처럼

가슴이 아프다는 말이 아니다

아직도 누군가를 못 잊어

못 잊어 한다는 말이 아니다

지붕 위의 빛나는 별이여

어느 날 그대라고 불리웠던

내 가슴 속 / 단단히 못 박힌 이여

당신을 사랑했었단 말은 더더욱 아니다

별이 진다

이 밤 누군가

이별의 맑은 꿈을 꾸고 있는가 보다

최갑수 〈지붕 위의 별〉

지붕의 선들이 가장 아름다운 창
덕궁 희정당 입구.

최갑수(1973~, 경남 남해)
『단 한 번의 사랑』, 문학동네.

낙선재의 다양한 지붕. 왼쪽 끝은 남대문과 같은 우진각지붕이고 중앙에 합각면이 보이는 부분은 맞배지붕이며 오른쪽 상부 ㄴ자는 팔작지붕이다. 한 정면에서 한국의 3대 지붕 형태를 한꺼번에 볼 수 있다.

지붕은 어린 날만의 추억을 간직하지 않는다. 장성하여 사랑의 달콤함과 실연의 쓰라림과도 함께한다. 위 시에 등장하는 지붕은 평슬래브가 쳐진 옥상으로 봐야 서술적으로 맞는다. 그러나 별을 더 가까이 하기 위한 관념적 시어라면 뾰족지붕이 더 나을 수도 있다. 그리움은 바다나 들판에도 있고 벽이나 창에도 있다. 지붕은 하늘의 별에서 찾기 위한 장소일 뿐이다.

반어법을 동원한 시는 더 큰 메아리로 우리에게 다가온다. 사랑하되 같이 할 수 없는 나약한 젊은이의 애련이 가슴을 저민다.

영혼의 통로, 그 시발점인 지붕

큰집의 기와지붕에는 치미鴟尾와 취두鷲頭를 얹어놓았다. 치미는 솔개 꼬리이고 취두는 독수리 머리이다. 이러한 맹금류를 선택한 것은 기단은 땅이고 지붕은 하늘이며, 하늘과 인간의 매체는 새라는 전통적 관념 때문이었다.

솔개꼬리인 치미.

우리네 습속은 사람이 죽으면 지붕에 올라 망자의 이름을 세 번 부르며 초혼招魂을 하였다. '혼백이여 돌아오소서'란 이 의식이 끝나고서야 염습과 성복 등 장례 절차를 시작할 수 있었다. 지붕은 죽은 사람이 살던 집의 맨 꼭대기에 해당된다. 즉 하늘과 가장 가까운 곳에 자리하는 것이기에 자연스럽게 하늘로 가는 영혼의 통로, 그 시발점이 되었다. 그리고 하늘나라로 올라간 영혼은 별이 되어 우리를 보고 있고, 그를 통해 영혼과 교감한다.

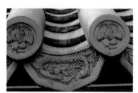

경회루 막새기와.

건축가는 하늘에 오르기 위하여 바벨탑을 쌓다 실패하고, 수백 년에 걸쳐 앙천仰天을 위해 첨탑이 있는 교회를 설계하였다. 최근에는 828미터의 버즈 두바이 빌딩이 아랍 에미리트에 완공되면서부터 구름을 굽어 보는 건축물이 곳곳에 생겨나기 시작하였고, 우리나라도 서울 남산보다 훨씬 높은 123층 555미터의 롯데월드타워가 완성단계에 있다. 이렇듯 건축가는 집의 높이를 계속 높이지만 영혼을 지붕에서 하늘로 가게 하는 것은 시인의 몫이며, 영혼에 있어서 천당과 지옥은 신의 영역일 것이다.

빈집도 폐가도 흰 눈으로 덮이면
모두 평온함으로 가득 찬다. 남산
한옥마을. ⓒ 한국관광공사, 목길
순

함박눈 속 기와들의 사랑 이야기

한옥의 기와지붕을 만들기 위해서는 많은 재료와 공정이 필요하
다. 서까래만 해도 용마루에서 시작하는 짧은 서까래와 처마에 걸
치는 긴 서까래 외에 사각형의 부연을 달았고, 이들을 눌러주는 적
심과 각종 느리개를 박고, 산자널을 깔아야 한다. 그 외에도 부연
끝에 평고대를 놓아 처마곡선을 잡아야 기와를 덮을 수 있는 것이
다. 전문가가 아니면 이토록 복잡한 과정을 모두 알 필요는 없다.
그보다는 기와들의 사랑 이야기가 흥미롭다.

밤새 기와 지붕에 함박눈이 내린다
마지막 잔기침 같은 섣달그믐에 펑펑 내린다
두자세치 눈 더미는 층층을 이루고

기왓골은 늙은 잉어의 반짝이는 비늘로 눈부시다
알매에도 찰진 홍두깨흙이 양다리를 걸치고 달라붙는다
밥 짓는 연기는 기왓골 따라 흘러가 겨울을 녹이고
수키와가 암키와의 배를 지그시 누르면
벌써 깊은 관계, 기웃거리던 바람까지 녹는다

기왓골에 쌓인 눈은 별들을 불러와
이제 솜털 보송보송한 이불이 된다
혹한이 뼈마디를 파고들어도
투명한 별들의 귀엣말, 와당에 핀 연꽃 이부자리
내림마루 잡상이 지켜보는 할머니 오래된 옛집
눈 속에 묻혀 배를 포갠 기와가 절절 끓고 있다

함박눈 차곡차곡 쌓여가는 섣달그믐
밤새 기와는 맑게 웃는다, 환하게 트이는 방
아침이면 암막새에도 고드름이 대롱대롱 맺힐 것이다
햇살 하얗게 젖은 옷 말릴 때까지
암수 한 몸이 된 기와는 지금 열애 중이다

우종태 〈폭설. 기와. 열애〉

우종태
『한옥, 시로 짓다』, 시와소금.

　양기와는 암수 구분이 없으나 우리 기와는 넓적한 암키와를 깔
고 그 사이에 수키와를 얹어 물이 새지 않도록 하고 있다. 이러한
암수 기와를 평기와라 하는데, 빗물이 떨어지는 끝단에는 막새기

고려청자 암수기와
ⓒ유금박물관

와가 놓인다. 이 중 암막새기와에는 연꽃, 귀면, 사람, 얼굴, 봉황 등 다양한 문양이 들어가 있다. 시인은 막새기와의 와당에 핀 연꽃 눈 이불을 덮고 암키와와 수키와가 열애 중이라고 한다. 건축가 시인답게 기와지붕에 있는 모든 것을 위 시에 집어넣었다.

처마 깊은 한국지붕, 생소나무 가지 차양의 낭만

한국 지붕의 특성은 어떤 재료를 쓰든 처마의 깊이가 깊은 것이다. 처마를 깊게 잡는 구조는 동양 건축 특색으로 중국 중원 지방의 처마 깊이는 기둥 높이 대비 약 60퍼센트 내외이고, 한국은 약 80퍼센트가량이며, 일본 구주九州지방은 약 100퍼센트이다. 이는 강우량에 따른 정비례正比例이다.

처마가 깊으면 여름날에도 그늘을 드리우기 때문에 방과 대청은 나무그늘과 같이 시원하고, 겨울에는 따뜻한 햇살을 방 속 깊이 투사하여준다. 처마를 깊게 하는 원인 중에는 건축 자재인 목재와 벽을 형성하는 흙이 습기에 약하다는 약점과 농경생활의 관습 때문이다. 농사에 쓰이는 연모나 거둔 곡식을 저장하는 일차적인 저장소로 처마 밑이 알맞기 때문이다. 또, 작업장으로도 유용한 공간이어서 처마의 깊이는 증대되기에 이르렀다. 이러한 관습과 천연의 여건으로 조건이 구비된 처마는 살림집에서뿐 아니라 공공 건축물에서도 그대로 채택되어서 기와집이라 할지라도 깊은 처마에 큰 지붕을 가지게 되었다

이렇게 깊은 처마를 가져도 서향집일 경우 여름햇살을 막기에는

역부족이다. 이 때문에 별도로 처마를 만들었는데, 이를 보첨이라 한다. 창덕궁 연경당의 서재인 선향재는 보첨을 하고도 지는 해의 낮은 햇살을 막기 위해 문짝을 도르래를 이용하여 내리고 올리도록 하였다. 낙동강을 굽어보는 석문정은 처음부터 기와로 서향에 지붕을 덧붙였고, 러시아풍이라 전통기와와 잘 어울리진 않지만 실용적인 차양은 강릉 선교장에도 있다. 집은 작을수록 기둥 높이도 낮아지고 이에 비례하여 처마도 짧아지기 마련이다. 이러한 집에 사는 서민들에게는 영구적인 차양 시설을 할 수 있는 여력이 없

1. 정온고택. ⓒ 대한건축사협회, 『민가건축』 2. 서산 김기옥 사랑채. ⓒ 대한건축사협회, 『민가건축』 3. 제주민가. ⓒ 김영식 건축사 4. 석문정의 각기 다른 차양들.

송첨이 그려진 단원의 풍속화. 거문고를 연주하고 비파도 걸려있다.

었기에 여름 나기가 더욱 고통스러웠다. 그래서 생소나무 가지를 처마에 덧대어 햇살을 막는 차양遮陽을 만들었는데, 이를 송첨松簷이라 한다.

작은 초가라서 처마가 짧아　小屋茅簷短

무더위에 푹푹 찔까 몹시 걱정돼　偏愁溽暑侵

서늘한 솔잎으로 햇살을 가려　聊憑歲寒葉

한낮에도 욕심껏 그늘 얻었네　倫得午時陰

새벽에는 이슬 맺혀 목걸이로 뵈고　露曉看瓔珞

밤에는 바람 불어 음악으로 들리네　風宵聽瑟琴

도리어 불쌍해라, 정승 판서 집에는　却憐卿相宅

옮겨 앉는 곳마다 실내가 깊네　徙倚盡堂深

＊권필(1569~1612)
〈송붕(松棚)〉.

조선조 제일의 시인이라는 칭송을 듣던 권필＊의 시다. 가난한 시인이 지붕 끝에 생솔가지를 엮어 처마를 길게 만들어놓고, 무더위 속 그늘 아래 지내는 호사를 가난뱅이도 누릴 수 있다고 한껏 자랑한다. "송붕은 시원한 그늘만 선물하는 것이 아니다. 거기에 새벽이면 이슬이 맺히고 밤이면 솔바람 소리가 시원하게 들려오니, 마치 귀족들이 차고 다니는 값비싼 목걸이처럼 보이고 현악기의 합주처럼 들린다. 어찌 보면 고래등 같은 집의 깊숙한 방 안에 처박혀 지내는 귀인貴人들보다 더 시원하게 여름을 보낸다는 생각도 든다. 무더위를 이기는 데 꼭 좋은 집만 필요한 것은 아니다." 이 시를 맛깔스럽게 번역한 안대회＊＊ 교수의 해설이다.

＊＊안대회(1961~, 충남 청양)
성균관대 한문학과 교수.

새지붕, 너새지붕, 너와지붕, 굴피지붕, 청석집

지붕은 어떤 자재로 해 이느냐에 따라 이름이 달라진다. 억새 따위를 사용한 것이 새지붕, 천연슬레이트인 얇고 검은 돌을 사용하면 너새지붕, 청석靑石을 사용한 집을 청석집, 삼나무나 노송나무를 기왓장 정도의 판으로 만들어 이은 지붕을 너와지붕이라 하였다. 굴피지붕은 굴참나무의 굵은 껍질로 지붕을 얹은 집을 일컫고, 초가지붕은 볏집을 이엉으로 엮어서 얹은 집이며, 기와지붕은 기와를 올린 집이다.

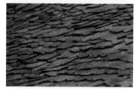

너와집(위)과 청석집(아래) 상세.

화전은 깊은 산골에서만 이뤄진다. 모든 나무를 불태워야만 밭을 일굴 수 있기 때문이다. 나무를 불태우기 전 그들은 큰 나무를 베어서 기둥을 세우고 보를 걸친다. 그리고 나무토막을 기왓장처럼 얇게 쪼개 지붕을 덮는다. 이러한 너와는 도끼로 쪼개야 나뭇결이 살아 빗물이 잘 흐른다. 톱으로 켜면 결이 없어져 수명이 짧아

너와집 전경. 강원도 삼척신리.

진다. 시인은 오지에 있는 이런 너와집에서 "사무친 세간의 슬픔, 저버리지 못한 세월마저 허물어버린 뒤, 따라오는 등 뒤의 오솔길도 아주 지워버리고, 부뚜막에 쪼그려 수제비 뜨는 나 어린 처녀의 외간 남자가 되어" 살고 싶다고 한다.

실연일까, 누명일까? 아니면 용납 못할 자신의 실수일까? 우리는 시인의 마음을 알지 못한다. 그렇지만 누구나 한두 번, 그 어떤 사유이든, 모든 것 내려놓고 숨어버리고 싶은 순간은 있게 마련이다. 이럴 땐 우리도 시인이 말하는 두천의 버려진 너와집을 찾아볼 일이다. 대부분은 하루이틀 고작해야 사흘이면 참지 못하고 돌아오게 되겠지만.

봉화의 까치구멍집. 추운 산간지 방에서 집 안에 빛을 들이기 위한 것이다.

길이 있다면, 어디 두천쯤에나 가서

강원남도 울진군 북면의

버려진 너와집이나 얻어 들겠네,

(중략)

길 찾아가는 사람들 아무도 기억 못하는 두천

그런 산길에 접어들어

함께 불 붙는 몸으로 저 골짜기 가득

구름 연기 첩첩 채워 넣고서

사무친 세간의 슬픔, 저버리지 못한

세월마저 허물어버린 뒤

주저앉을 듯 겨우겨우 서 있는 저기 너와집,

토방 밖에는 황토흙빛 강아지 한 마리 키우겠네

부뚜막에 쪼그려 수제비 뜨는 나 어린 처녀의

외간 남자가 되어

아주 잊었던 연모 머리 위의 별처럼 띄워놓고

그 물색으로 마음은 비포장도로처럼 덜컹거리겠네

강원남도 울진군 북면

매봉산 넘어 원당 지나서 두천

따라오는 등 뒤의 오솔길도 아주 지우겠네

마침내 돌아서지 않겠네

김명인(1946~, 경북 울진)
『물 건너는 사람』, 세계사.

김명인 〈너와집 한 채〉

위계 따라 안채 사랑채는 팔작지붕, 행랑채는 맞배지붕

지붕은 형태에 따라 맞배지붕, 팔작지붕, 우진각지붕, 사모지붕, 육모지붕, 팔모지붕, 갖은모지붕, 丁자지붕, 십자지붕, 고패지붕, ㄷ자지붕, ㅁ자지붕, 솟을지붕, 까치구멍지붕 등으로 구분한다.

건물 앞뒤로만 지붕이 있는 것이 맞배지붕이고, 전면은 八자 모양, 측면은 삼각형으로 사면이 모두 지붕이면 우진각지붕이다. 초가지붕은 당연히 우진각이다. 우진각지붕에 맞배지붕을 올려놓은 것 같은 것이 팔작지붕으로 삼각형의 벽면이 보이는데 이를 합각이라 한다. 모임지붕은 추녀만 있고 용마루가 없는 것으로 형태에 따라 사각, 육각, 팔각 등이 있다. 나머지는 형태에 따른 이름들이다.

맞배지붕은 수덕사 대웅전과 주택으로는 관가정 사랑채가 유명하다. 팔작지붕은 부석사 무량수전, 경회루와 근정전 등이 대표적이며, 서울의 숭례문은 우진각지붕이다. 이러한 지붕 형태의 다양성은 집의 평면구성과 성격, 경제적인 여건 그리고 집주인의 취향에 따라 결정된다. 대체로 상류주택에선 안채와 사랑채는 팔작지붕으로 지었고 하인들이 사는 행랑채는 맞배지붕을 썼다. 이러한 형태는 자연스럽게 주인의 거처가 높아지게 되고 행랑채는 낮아져 위계질서를 따르는 형태가 되었고 전체적으로는 높낮이가 생겨 균형과 조화가 충실한 스카이라인을 만들게 되었다. 지붕 형태는 다양하나 팔작지붕, 우진각지붕, 맞배지붕, 모임지붕이 대표적이며 나머지는 이 4대 형태를 기본으로 발전시켜 나간 것들이다.

이쯤에서 지붕 이름을 덮고 지붕에서 집의 본질을 파헤친 시를 감상해보자. 요즈음 젊은이들 사이에 '삼포세대'란 자조적인 말이

바람막이 풍판(風板)을 설치한 관가정의 맞배지붕.

1. 합각이 있는 팔작집(박영효사랑채).
2. 좌우에 기와가 없는 맞배지붕의 양동 향단.
ⓒ 대한건축사협회, 『민가건축』
3. ㄴ자 3동이 모두 우진각지붕인 서산 김기옥가.
4. 창덕궁 후원 부용정의 다각지붕.

성행한다. 취업과 결혼 그리고 내 집 마련을 포기했다는 것이다.
시인은 "한 생애의 일이 / 지붕 하나 만들고 지키는 일"이라고 한
다. 그러고 보니 정말 그렇다. 죽고 나서 역사교과서에 기록될 사
람 몇이나 될까? 그나마 한 분야에서 유명하고 뛰어난 사람이라 하
더라고 한 세기 뒤에 이름을 남길 만할 사람조차 드물 것이다. 결
국 집 한 채 사느라 아등거리고, 그 집 속에서 가솔들 거느리다 이
름 없이 사라져가는 우리 아니던가. 초라할 수밖에 없는 "키 작은
지붕"의 집이 좋다는 것은 넉넉한 마음부자로 사는 것이요, 고대광
실에 사는 것보다 행복한 삶이다.

속칭 신라의 미소라 불리는 경주
영묘사터의 막새기와(위), 이를
본 따 건축한 화엄사의 영산전 암
막새기와. ⓒ 하늘이 아부지

영랑 생가 가는 길
골목길 안에
무화과나무보다도
키 작은 지붕 몇 채

한 생애의 일이
지붕 하나 만들고 지키는 일이라면
키 작은 지붕이 좋다
더러는 씀바귀나 와초도 날아와 살고
하늘로는 바람이 통하는
키 작은 지붕이 좋다

종내는 모자도 하나 없이 / 길 나서야 되는 삶이라면
누워 가까이 이불처럼 덮어주는

연꽃 사람 얼굴 수막새(고구려).

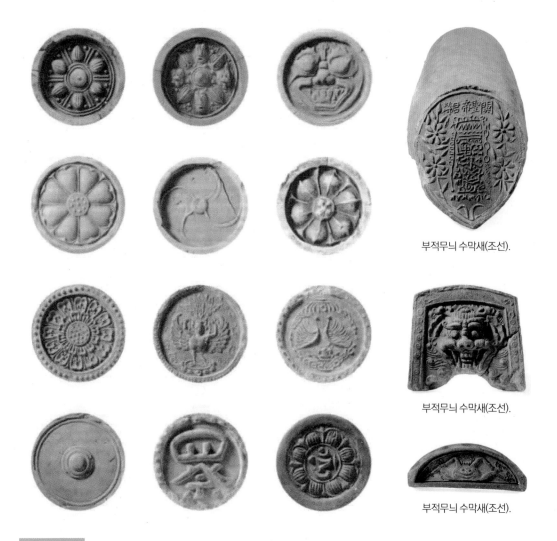

부적무늬 수막새(조선).

부적무늬 수막새(조선).

부적무늬 수막새(조선).

고구려, 백제, 신라의 막새기와. 연꽃, 귀문, 가릉빈가, 절 이름을 표기한 문자 및 범어문자도 보인다(이 사진을 비롯한 기와 사진은 유금박물관의 〈한국기와, 지붕 위의 아름다움〉에서 전재).

키 작은 지붕이 좋다

윤재철(1953~, 충남 논산)
『생은 아름다울지라도』,
실천문학사.

윤재철 〈집·키 작은 지붕〉

과학적이며 가장 아름다운 한옥의 지붕선

한옥에서 기와지붕의 처마곡선이 이처럼 아름답고 운치 있게 만들어지게 된 것은 선자서까래 구성이 발전했기 때문이다. 일본은 삼국시대 우리가 전수한 것을 잊어버렸고 중국 또한 문헌에는 남아 있으나 우리와 비교가 되지 않는다. 그뿐만 아니라 한옥은 용마루선도 완만한 곡선을 이루고 있어 중국과 일본의 경직된 직선과 비교가 안 된다. 이러한 지붕의 곡선들은 사선의 지붕보다 빗물에 가속력을 더하여 빠르게 배수하는 장점이 있다. 과학적이면서도 아름다움을 겸비한 지붕이다. 사그라다 파밀리아를 설계한 스페인의 천재건축가 가우디는 "신은 곡선이고 인간은 직선"이라고 하였다. 그렇다면 우리 한옥은 신이 사는 집이랄 수 있지 않은가.

문자 암막새기와. 가경9년 용그림.

기와지붕은 기본은 평기와로 이뤄지지만 그 외에도 추녀 끝을 장식하는 막새기와와 용마루 끝을 마감하는 망와望瓦가 있다. 민가에는 잔잔한 미소를 띤 얼굴상과 구름무늬, 식물무늬, 집의 건립연대 등 매우 다양하다. 얼굴상에는 남녀의 부부상도 있다. 또한 팔작지붕의 합각에는 그 집의 특성을 나타내는 그림과 글씨를 만들었다. 이러한 문양 대부분에는 재난으로부터 보호받으려는 소망이 담겨 있다. 사래 끝에 달린 도깨비기와가 대표적이다. 도깨비는 사

문자망와. 주술적인 도깨비 모양도 보인다.

각종 잡상의 모습. 서유기에 나오는 대당사부, 손오공, 저팔계 등의 명칭은 후대에 붙여진 것이다.

망와와 잡상들이 있다.

람과 친근하며 사람에게 닥치는 재앙을 물리친다고 믿었기 때문이다. 이 귀면와는 한국 축구 응원단의 공식 엠블럼으로 사용하고 있으며, 이를 치우천왕상으로 삼고 있다. 아직 역사서로 인증받지 못하고 있는 한단고기桓檀古記에 의하면 치우천왕蚩尤天王은 배달국倍達國의 제14대 천왕으로 B.C. 2707년에 즉위하여 109년간 나라를 통치했던 왕이다. 그는 신처럼 용맹이 뛰어났고 구리로 된 머리와 쇠로 된 이마를 하고 큰 안개를 일으키며 도깨비부대를 이끌고 헌원과 싸웠다고 한다.

궁궐의 주요 전각에는 규모에 따라 10개에서 5개까지 수가 다른 여러 모양의 잡상雜像을 추녀마루에 두었다. 단어대로 수양을 위한 상서로운 형태雜祥랄 수 있는데, 점차 공중으로 침투하는 요괴들을 방지하고 화마를 제압하는 벽사의 의미로 변화되었다. 세상에선 이들의 맨 앞을 현장법사, 두 번째 상을 손오공, 세 번째를 저팔계 등 서유기에 나오는 인물로 부르기도 하는데, 한 줄로 서 가는 모습이 삼장법사의 행렬과 흡사하기에 붙인 이름이라 한다. 어우야담이나 의궤에서는 이 잡상들을 웅크린 개나 악구惡口, 귀신으로 부르기도 하였다.

> 한 어둠은 엎드려 있고
> 한 어둠은 그 옆에 엉거주춤 서 있다
> 언제 두 어둠이 한데 마주보며 앉을까
> 또는 한데 허리를 얹을까

강은교(1945~)

강은교 〈망와〉

처음 두 연은 있는 모습 그대로 그렸지만 어둠이라 표현하였다. 어둠은 부정적 언어이다. 그렇다면 뒤의 두 연은 '어둠의 세력이 언제 힘을 합하여 악행을 저지를까' 조바심하는 시구이다.

맥주 캔으로 지붕 만들던 한국전 피란민들

양철 지붕 하면 테네시 윌리엄스의 희곡을 각색한 미국 영화 〈뜨거운 양철 지붕 위의 고양이Cat on a Hot Tin Roof〉가 먼저 떠오를 것이다. 그러나 그 영화에 양철 지붕은 없다. 뛰어난 미식축구선수였다가 신체장애자가 된 폴 뉴먼과 그 부인 엘리자베스 테일러가 주연한 명작으로, 안절부절못하는 주인공의 모습이 뜨거운 양철 지붕 위를 거니는 고양이 같기에 붙인 제목이다.

지촌종택의 귀면 사래기와.
ⓒ 관광공사

요즈음에는 동판을 비롯한 금속재 기와들이 다양하게 시공되고 있지만 예전의 금속재는 양철이란 별칭이 붙은 함석이 유일하였다. 소나기가 쏟아지면 빗소리가 우레 같았던 함석지붕, 그 원조는 한국전쟁 당시 피란민들이 맥주를 비롯한 캔 종류 깡통을 펴고 이어서 지붕을 만든 것이다. 새마을운동의 일환으로 지붕개량사업이 한창일 때, 대부분의 초가지붕은 값싼 슬레이트지붕으로 바뀌었다. 그러나 형편이 나은 집들은 발암물질이 들어있는 슬레이트 대신 100년을 보장한다는 양철지붕을 선호하였다. 그러나 한때 민가를 일부 잠식했던 양철지붕은 녹슬지 않게 페인트칠을 주기적으로 해야 하는 불편함과 시끄러운 빗소리 그리고 높은 열전도율로 인한 더위와 추위 때문에 지금은 창고나 간이 건물에나 쓰이고 있다. 이

지붕 위에 나는 와송.

에 관한 시로는 안도현 시인의 〈양철지붕에 대하여〉가 있다.

서리 내린 지붕엔 밤이 앉고 그 안엔 꽃다운 꿈이 뒹굴고

지금까지 살펴본 지붕은 겉모습이다. 진정한 지붕의 역할은 그 속이다. 그곳에는 '엄마도 있고 아버지도 살고 형제들도 함께한다. 창으로 불빛이 나오는 집은 볼수록 정답고' 한 지붕 밑에서 각자의 방에 들어가 꿈을 꾼다. 행복한 가정이 지붕 아래 있기에 지붕은 곧 집이다.

서리 내린
지붕 지붕엔 밤이 앉고
그 안엔 꽃다운 꿈이 뒹굴고
뉘 집인가 창이 불빛을 한입 물었다
눈비탈이

하늘 가는 길처럼 밝구나

그 속에 숱한 얘기들을 줍고 있으면
어려서 잊어버린 '집'이 살아났다

창으로 불빛이 나오는 집은 다정해
볼수록 정다워

저 안엔 엄마가 있고
아버지도 살고
그리하여 형제들은 多幸하고—

(하략)

팔작지붕의 합각 부분이 정면인
통도사 금강계단.

노천명 〈창변窓邊〉

노천명(1912~1957, 황해 장연)

　여행 길, 차창에 스치는 황혼 녘 지붕들을 보면서 돌아갈 수 없는
옛집을 그리는 '창변'을 지나, 이제 기억을 더듬어 그 옛날 내가 살
던 옛집의 지붕으로 가보자.

지붕 위를 흘러 지나가는 별의 강줄기

(전략)
우리 살던 옛집 지붕에는

1. 비원의 부채꼴지붕 관람정.
2. 존덕정의 겹처마지붕.
3. 김동수가의 파도문과 사람 얼굴.
4. 충효당의 길상문.
5. 괴헌고택. ⓒ 관광공사
6. 영천 추원재의 글자문.

우리가 울면서 이름 붙여 준 울음 우는

별로 가득하고

땅에 묻어주고 싶었던 하늘

우리 살던 옛집 지붕 근처까지

올라온 나무들은 바람이 불면

무거워진 나뭇잎을 흔들며 기뻐하고

우리들이 보는 앞에서 그해의 나이테를

아주 둥글게 그렸었다 우리 살던 옛집 지붕 위를 흘러

지나가는 별의 강줄기는 오늘밤이 지나면 어디로 이어지는지

(후략)

이문재(1959~, 경기 김포)
『내 젖은 구두 벗어 해에게 보여줄 때』, 문학동네.

이문재 〈우리 살던 옛집 지붕〉

소나기와 원두막, 그 영원한 로망

내가 떠남으로 빈집이 된 옛집, 집 곁 나뭇잎이 춤추며 기뻐하고, 보고 싶을 때마다 반겨주던 푸른 지붕의 옛집. 평생 가슴속에 남아 있는 고향집의 지붕을 뒤로 하고 이제 '소나기'를 피해 원두막으로 들어가보자. 우리의 영원한 로망이 그곳에 있다.

"원두막은 기둥이 기울고 지붕도 갈래갈래 찢어져 있었다. 그런 대로 비가 덜 새는 곳을 가려 소녀를 들어서게 했다."[*]

* 황순원(1915~2000, 평남 대동), 〈소나기〉.

처마와
추녀

하늘로 날을 듯이 길게 뽑은 부연附椽* 끝 풍경이 운다

처마 끝 곱게 늘이운 주렴에 반월半月이 숨어

아른 아른 봄밤이 두견이 소리처럼 깊어가는 밤

곱아라 고아라 진정 아름다운지고.

(중략)

살살이 퍼져 내린 곧은 선이

스스로 돌아 곡선을 이루는 곳

열두 폭 기인 치마가 사르르 물결을 친다.

(후략)

조지훈 〈고풍의상〉 중에서

* 부연(附椽): 처마 서까래 끝에 덧얹는 네모지고 짧은 서까래.

조지훈(1920~1968, 경북 영양)
『청록집』.

부석사, 무량수전 속에 들어간 안양문. 추녀 끝에서 추녀 끝으로 이어지는 처마선. 작은 규모의 안양문과 큰 규모의 무량수전의 용마루 곡선이 다름을 알 수 있다.
ⓒ 자하미

한복을 입은 여인의 아름다운 자태를, 하늘로 날듯이 길게 뽑은 전통 한옥의 추녀와 처마를 배경 삼음으로써 한국의 고전미를 절묘하게 조화시킨 조지훈의 〈고풍의상〉 중 일부이다.

가장 한국적인 미는 한복과 한옥의 처마선

한국의 미를 말할 때 우리는 위의 시구처럼, 한옥의 유려한 선과 여인의 한복과 버선의 선을 말한다. 한·중·일을 돌아본 외국인들 중 상당수는 중국이나 일본과 다른 한국의 고유한 선을 발견하고 찬탄한다. 그들은 이로써 스케일이나 기교를 떠나 한국 건축을 사랑하며, 어떤 이들은 아예 눌러앉아 목수 수업을 받는 사람도 있다. 한옥 지붕의 처마 곡선은 추녀로부터 시작된다. 추녀의 길이와 형태는 지붕 처마 곡선에 절대적이다. 그래서 예부터 도목수는 추녀를 만드는 비기祕技를 아끼는 제자에게만 전수하였으며 이러한 전통이 남아 있어 지금도 어떤 대목들은 은밀하게 추녀 먹을 놓는다고 한다.

추녀 끝에서 추녀 끝으로 이어지는 처마의 생동하는 리듬감은 아름답기 그지없다. 깊은 그림자로 인한 음양의 조화, 공간감의 확대로 인한 안온감도 추녀만이 갖는 특성이다. 그뿐인가. 끝머리가 휘어 오른 추녀 또는 그 휘어 오른 곡선을 앙곡昻曲이라 하는데, 그 앙곡의 선이야말로 한국 전통 건축의 백미이다.

생동하는 리듬감, 처마는 실용성이 큰 전이공간이다

처마는 여름 장맛비나 태풍의 들이침을 막아줌으로써 벽면을 보호하고 창문의 창호지를 젖지 않게 하며, 쑥, 마늘, 장작 등의 건조 내지 저장 공간으로 쓰이기도 하며, 애경사에는 반실내공간으로 비좁은 집을 확장시키기도 하는 등 실용성 또한 크다. 즉 실내와 실외에 걸친 실용성이 크며 실내에서 창이나 문을 통해 밖을 보거나, 나가는 전이공간인 것이다. 그렇기에 계절의 변화를 감지하는 안테나 노릇을 하게 마련이다. 그뿐 아니라 처마 밑의 공간은 대류현상으로 추위와 더위를 완화시키기 때문에 한서寒暑 차가 많은 한국의 실정에 안성맞춤이다.

이쯤에서 처마 밑의 풍경을 재미있게 묘사한 윤동주의 〈겨울〉이란 시를 감상해보자. 가을걷이에 시퍼런 무청을 엮어 처마 밑에 매

처마 밑은 따뜻한 겨울을 날 수 있는 장작의 수장고로도 쓰인다.(왼쪽) 처마 밑에는 멍석과 구럭 등 마당에서 쓸 수 있는 가재도구를 걸어놓기도 한다. 아산 외암리.

달면 자연 건조된 시래기가 된다. 누렇게 바싹 마른 시래기 다래미가 바람이라도 불면 춥다고 바스락거리는 모습이 짧은 시에 표출되었다.

처마 밑에
시래기 다래미
바삭바삭
추어요.
길바닥에
말똥 동그램이
말랑말랑
얼어요

윤동주(1917~1945)
『하늘과 바람과 별과 시』.

윤동주 〈겨울〉

처마 밑의 풍경, 봄, 여름, 가을, 겨울

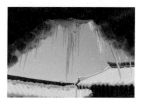

명재고택 고드름. ⓒ 명재고택 사진첩

"고드름 고드름 수정 고드름"이란 노래처럼 눈 온 뒤 처마 끝에는 투명한 고드름이 수없이 열렸다. 장대로 떼어낸 고드름을 아득 아득 씹어 먹기도 하고 시린 손 마다치 않고 칼싸움하던 어린 날들.

밤새 얼었던 고드름이 한낮 햇살에 녹아 낙수되어 쏟아지면 그 큰소리가 봄이 머지않음을 알리고, 젖은 땅에 수선화 잎이 처마 밑 뜨락에서 솟아오르면 봄은 이미 우리 곁에 성큼 와있는 것이다.

처마 타고 오른 포도나무가 잎으로 그늘을 만들고 포도송이가 커가면 처마 끝에는 굵은 비가 쏟아지는 장마철이 오고, 삼복더위가 오면 삽살개는 장닭이 지나도 아랑곳 하지 않고 그늘 밑에 혀를 빼고 누워 있다. 마늘, 고추, 시래기 등 가을걷이를 처마 밑 담벼락에 갈무리하고 나면 다시 겨울이 온다. 겨울의 문턱에서 도회지의 처마 아래로는 징소리 꽹꽹 울리며 지금은 볼 수 없는 굴뚝청소부가 다녔다.

사랑하는 사람들은 눈 오는 날이면 꼭 만나려고 한다. 헤어지는 연인들조차 다음 해 첫눈 오는 날을 약속한다. 시골집들의 아기자기한 풍경과 달리 신대철 시인의 〈눈 오는 길〉은 도시의 어느 골목길인 듯한데, 눈 오는 날 처마 밑의 한마디 말을 잊지 못하는 첫사랑의 연정이 애잔하다.

햇살이 따사로운 충효당 처마. 선반이 놓여 있고 메주를 가지런히 매달아놓았다. ⓒ 대한건축사협회, 『민가건축』

막 헤어진 이가
야트막한 언덕집
처마 밑으로 들어온다.

전등사 추녀 밑의 나부상

신대철(1945~, 충남 홍성)
『누구인지 몰라도 그대를 사랑한
다』, 창비.

할 말을 빠뜨렸다는 듯
씩 웃으면서 말한다.
눈이 오네요
그 한마디 품어 안고
유년시절을 넘어
숨차게 올라온 그의 눈빛에
눈 오는 길 어른거린다.

신대철 〈눈 오는 길〉

처마나 추녀는 이렇듯 눈과 비를 피할 뿐 아니라 풋풋한 사랑의
낭만이 깃드는 곳이기도 하다. 또한 집의 품위를 높이는 역할도
한다.

전등사 대웅전 처마의 위용. 정면
측면 각 3간인 건물 면적과 처마
면적이 1:1 정도이다.

한옥은 왜 크게 느껴지나?

한옥은 같은 면적의 양옥과 달리 매우 크게 느껴진다. 이러한 현상은 느낌이 아니라 실제로 그런 것인데 그 이유는 처마 공간 때문이다. 처마가 없는 양옥과 달리, 한옥은 보통 처마의 깊이가 4자(1.2미터)이니 이를 사방에 두르면 상당한 면적이 증가한다. 예를 들어보자. 양옥은 가로 세로가 6미터×12미터이면 72제곱미터가 나온다. 그러나 한옥은 같은 평면에서 처마가 사방으로 1.2미터씩 나오니까 8.4미터×14.4미터=120.96제곱미터가 된다. 한옥이 약 1.7배 큰데, 실제로는 한옥의 폭이 좁기 때문에 두 배 가까이 차이가 난다. 이는 지붕의 크기뿐 아니라 문들을 모두 열어놓으면 처마까지 한 공간을 만들 수 있기 때문이다.

선조들은 처마 밑에 벽감을 두어 방 안에서 수납공간으로 쓸 수 있게 추녀 쪽으로 실내 공간을 넓히기도 하였다. 또한 쪽마루를 설치하여 방과 마루를 외부에서 통할 수 있게 사용하기도 하였다.

흔히 벽장이라 하는 벽감(壁龕.). 처마 깊이의 반을대청을 넓히는 데 사용한다.
남산 한옥마을 청풍부원군댁.

처마 밑의 제비집

장철문 시인은 은행잎이 물든 어느 가을비 오는 날, 방문에 턱을 괴고 처마에 맺힌 빗방울을 응시한다. 떨어지는 물방울과 떨어지는 은행잎. 관조하지 않으면 무심히 지나칠 풍경을 시로 만들기도 한다.

계속해서 처마 안으로 시선을 돌려보자. 처마 밑에 강남 갔던 제비가 돌아와 집을 짓고 새끼를 낳는 일은 〈흥부전〉 때문에 모두 경사로 여겼다. 유년시절 제비의 배설물로 마루와 토방이 더러워져도 군말 없이 치웠던 것은, 제비를 해치면 벌 받는다는 의식이 잠재돼 있었기 때문이었다. 그런데 의외로 제비와 제비집에 관한 시는 선조들뿐이었다. 다산 선생은 제비가 도리 안, 즉 마루 위에 집을 짓고자 하여 이를 헐어버리니 도리 밖 그러니까 추녀에 짓자는 몸짓을 하기에 그 모습이 안쓰러워 그냥 내버려두고 그 느낀 바를 시로 쓰기도 하였다.

* 이경석(1595~1671), 〈제비〉.

이경석*은 조선 중기 문신으로 삼전도 비문을 지었으며 영의정을 지냈다. 처마 밑의 제비가 친구가 된 시기는 청나라로 인하여 귀양 가서 위리안치를 당한 때로 보여 진다. 가시나무 울타리 안에서 아무도 만날 수 없는 나날들, 미물이지만 지지배배 지저귀는 제비는 친구가 되고 식구가 되었다. 뜨거운 여름 햇살을 막기 위해 쳐놓은 발도 제비 위해 거둘 정도로 정성을 다하는 모습에서, 인간의 사랑과 고독을 본다.

4월의 황폐한 성에 네 온 것 본 후에 四月荒城見爾來
짧은 처마를 긴긴 날 함께 배회했구나 短簷遲日共徘徊
대들보에 진흙 물어 집 짓도록 해주었고 霤梁一任銜泥入
비 맞고 돌아올까 안쓰러워 발도 걷어두었지 卷箔常憐帶雨回
어린 새끼 지저귀는 소리 때론 알지 못해도 語雜稚兒時未辨
외로운 나그네는 한번 의심 없었는데 影依孤客自無猜
소슬바람 불어예고 가을은 깊어가니 商飆蕭瑟秋將晚
늙은 내가 돌아감을 먼저 재촉하누나 歸去應先老我催

비바람 험살 굳게 거쳐 간 추녀 밑, 윤곤강의 나비

처마에서 변화하는 자연을 관조한 또 한 편의 시가 있다. 시인은 폐결핵을 앓았고 카프 동인이었기에 시에 대한 해석은 평론가마다 다른데, 느끼는 것은 독자의 몫이다. 노년층에게는 교과서의 추억이 스며있는 시이다. 추녀 밑 토방에는 먹다 흘린 음식물이나 죽은 곤충들을 개미가 떼 지어 운반하는 모습이나, 시와 같이 비바람에 꺾인 꽃들에 나비나 벌이 앉아 있는 모습을 볼 수 있다.

신발도 처마 밑에 있다.

비바람 험살 굳게 거쳐 간 추녀 밑—
날개 찢어진 늙은 호랑나비가
맨드라미 대가리를 물고 가슴을 앓는다.

찢긴 나래에 맥이 풀려 / 그리운 꽃밭을 찾아갈 수 없는 슬픔에
물고 있는 맨드라미조차 소태맛이다.

자랑스러울 손 화려한 춤 재주도 / 한 옛날의 꿈 조각처럼 흐리어
늙은 무녀舞女처럼 나비는 한숨 쉰다.

윤곤강 〈나비〉

윤곤강(1911~1949, 충남 서산)
『살어리』, 글로벌콘텐츠.

모든 추녀와 처마에는 서까래가 있다. 규모가 큰 기와집에는 이에 더하여 서까래 위에 부연을 달기도 하지만 대부분은 서까래만 있다. 서까래는 집을 구성하는 목재 중에서 가장 가늘지만 가장 많

은 부재이기도 하다. 지붕은 서까래가 없으면 존재할 수 없다.

선조들은 서까래를 얹을 때 굵은 것은 음지인 뒤편에 사용하고 가느다란 것은 정면에 놓았다. 요즈음 같으면 굵은 것을 전면에 써서 집값을 올렸겠지만 선조들은 볕 안 드는 뒤쪽이 먼저 썩기 때문에 굵은 서까래를 뒤에 썼다. 실사구시實事求是란 이런 것이 아니겠는가. 기초나 슬래브 등 구조 부분을 빼고 단열재 두께도 줄이고 마감재만 번지르하게 만든 불량주택을 양산한 집장수들이 읽고 마음에 새겨야 할 대목이다.

사찰의 추녀와 풍경 소리

바람의 흔들림에 따른 풍경 소리는 듣는 이에 따라 다르겠지만, 뭔가 숙연함이 있다. 처마 끝 풍경을 바라보라. 푸른 하늘이 보이지 않는가. 풍경에 물고기를 매단 것은 푸른 하늘을 바다로 상징하여 절집을 화재로부터 보호한다는 상징성이 있기 때문이라 한다. 또 다른 하나는 살아서나 죽어서나 눈을 감지 않는 물고기처럼 늘 깨어서 용맹 정진하여 깨달음에 도달하라는 뜻이다.

이제 물고기가 있는 풍경과 없는 풍경을 노래한 시들을 감상해 보자.

안정사 옥련암 낡은 단청의 추녀 끝 / 사방지기로 매달린 물고기가

풍경 속을 헤엄치듯 / 지느러밀 매고 있다

청동바다 섬들은 소리 골 건너 아득히 목메올 테지만

갈 수 없는 곳 풍경 깨어지라 몸 부딪혀 저 물고기

벌써 수천 대접째의 놋쇠소릴 바람결에 / 쏟아 보내고 있다

그 요동으로도 하늘은 금세 눈 올 듯 멍 빛이다

(중략)

가고 싶다는 인간의 열망이 / 놋대접 풍으로 쩔렁거려서

그리운 마음 흘러넘치게 하는 / 바다 가까운 절간이다

김명인 〈안정사〉 중에서

김명인(1946~, 경북 울진)
『물 건너는 사람』, 세계사.

청도 산속 가부좌로 들어앉은 운흥사 처마 풍경에 물고기가 보이지 않는다. 스님도 물고기를 따라갔는지 보이지 않고 허물어진 돌담 옆에서 흰 강아지 한 마리 엷은 겨울 햇살에 조을고 있다 법고 소리도 죽비소리도 들리지 않는 절 뒤 은수원사시나무 가지에 은빛 비늘 몇 개 걸리어 번뜩인다 아마도 그리움보다 깊은 적멸의 바다로 떠난 모양이다

허형만 〈그 처마 풍경엔 물고기가 없다〉

허형만
『영혼의 눈』, 문학사상사.

화엄사 구층암. ⓒ 하늘이 아부지

기둥

"소백산 기슭 부석사의 한낮, 스님도 마을 사람도 인기척이 끊어진 마당에는 오색 낙엽이 그림처럼 깔려 초겨울 안개비에 촉촉이 젖고 있다. 무량수전, 안양문, 조사당, 응향각들이 마치 그리움에 지친 듯 해쓱한 얼굴로 나를 반기고, 호젓하고도 스산스러운 희한한 아름다움은 말로 표현하기 어렵다. 나는 무량수전 배흘림기둥에 기대서서 사무치는 고마움으로 이 아름다움의 뜻을 몇 번이고 자문자답 했다.

기둥 높이와 굵기, 사뿐히 고개를 든 지붕 추녀의 곡선과 그 기둥이 주는 조화, 간결하면서도 역학적이며 기능에 충실한 주심포의 아름다움, 이것은 꼭 갖출 것만을 갖춘 필요미이며 문창살 하나 문지방 하나에도 나타나 있는 비례의 상쾌함이 이를 데가 없다."*

미술사학자로 평생을 바친 최순우의 『무량수전 배흘림기둥에 기

부석사무량수전의 배흘림 기둥.
ⓒ자하미

＊최순우
『무량수전 배흘림기둥에 기대
서서』, 학고재(2008 개정판),
271~272쪽.

1. 부석사 대웅전 배흘림기둥.
ⓒ 자하미
2. 남원 몽심재 8각기둥.
3. 관가정의 원통기둥.
4. 화엄사 각황전의 민흘림기둥.

경복궁 향원정은 지붕과 같은 6각
기둥이다.

대서서』의 일부이다. 흔히 두리기둥이라 불리는 목재의 원圓기둥
은 궁궐과 관아, 사찰에서도 중심이 되고 권위를 갖춰야 하는 건물
에 주로 쓰였다. 즉 궁궐의 정전, 사찰의 대웅전과 같은 주전, 관아
의 대문 등에 사용되었다. 이러한 원기둥은 원통형기둥, 민흘림기
둥, 배흘림기둥의 세 가지 양식으로 발전하였다.

　기둥의 지름이 어떤 부분이나 똑같은 원통형 기둥은 송광사 국
사전, 내소사 대웅보전, 개심사 대웅전, 정읍 피향정 등에서 보이
는데, 민흘림이나 배흘림 기둥보다 적게 사용되었다. 위를 좁게 한
민흘림기둥은 화엄사 각황전과 개암사 대웅전, 서울 남대문과 수
원 장안문 등에 사용되었으며 안정감이 있다.

무량수전과 파르테논은 모두 배흘림기둥

배흘림기둥은 기둥 길이 1/3에서 1자 높은 곳을 최대지름으로 하여 기둥머리가 가장 작고 밑동은 기둥머리보다 크지만 기둥몸보다는 작은 형태로 착시현상을 바로잡기 위해 만들어졌다. 부석사 무량수전과 수덕사 대웅전, 무위사 극락전과 강릉 객사문 등이 배흘림기둥이다. 서양건축의 엔터시스entasis와 같은 원리인데, 그리스의 파르테논신전이 대표적인 건물이다.

그리스 파르테논신전, 한국의 배흘림기둥과 같은 엔터시스 기둥으로 되어있다.

각기둥은 네모기둥이 대부분으로 원형기둥과 같이 민흘림양식을 사용한 곳이 있으며, 관청과 사찰은 물론 민가에서 가장 많이 쓰였다. 각 기둥 중 육모기둥은 경복궁 내 향원정처럼 육모평면에서 쓰이는데, 팔모기둥을 사용한 민가도 있다.

원기둥과 각기둥의 용처를 구분한 것은 하늘은 둥글고 땅은 네모라는 천원지방天圓地方에서 연원한다는 것이 통설이지만, 동의하기 어렵다. 경회루가 원기둥과 각기둥을 혼용한 것도 그렇지만 민가의 경우 각기둥과 두리기둥을 안채든 사랑채든 자유자재로 사용하였으며 남원 몽심재 같은 곳은 팔각기둥을 사용하였다. 불교의 팔정도를 연상할 수도 있으나 조선시대가 유교사회인 만큼 예단할 수 없다. 따라서 취향에 따랐다고 봐야 한다.

기둥을 세우기 위해선 기둥에 맞춰 주춧돌을 놓아야 하는데, 한옥은 대부분 자연석을 생긴 대로 사용한다. 이를 덤벙주초라 하는데 아마도 '덤벙덤벙 놓는 것 같다'고 해서 붙여진 이름 같다. 이러한 덤벙주초는 가능하면 둥글넓적하여 보기도 좋고 기둥 세우기에 편한 것을 고르지만 강돌은 쓰지 않는다. 너무 매끄럽기 때문에 오

히려 기둥 단면과 접착이 완벽하지 않기 때문이다. 다소 울퉁불퉁한 것은 문제 삼지 않는다. 이는 그레질로 이를 맞춰 튼튼하게 기둥을 세울 수 있기 때문이다. 기둥을 초석 위에 임시로 세우고 컴퍼스 같이 생긴 그레자의 한쪽은 초석에, 먹물을 바른 한쪽은 기둥에 대고 한 바퀴 돌리면 초석의 들쭉날쭉한 부분이 그대로 그려지고, 이를 따내면 기둥은 초석에 완전히 밀착된다. 기둥을 세우기 전에 기둥뿌리의 중심부를 약간 파낸 후 소금이나 백반을 넣어 두기도 하는데, 이는 해충을 방지하고 기둥의 부식을 방지하기 위함이다. 그레질은 돌쌓기에서도 적용하는 기법이다.

　궁궐에 쓸 재목을 벨 적에는 나무에게 고사를 지내는 등 의전을 갖추었다. 하지만 위엄을 갖춰 두리기둥으로 지은 궁궐도 빼앗긴 나라에선 한갓 비둘기도 둥주리를 마구 트는 초라한 신세가 되었다. 1940년 일제日帝 밑에서 신음하던 민족에게 조지훈은 〈봉황수〉를 읊었다. 나라 없는 설움을 한민족 모두가 근정전 안 봉황이 되어 구천에 호곡한 것이다.

관아건축에서나 볼수 있는 화강석다듬기초. 민가인 무첨당에 있다.(위)
평탄하지 않은 산돌을 그레질하여 기둥면을 맞춘 덤벙주초는 한옥의 기본이다.

　벌레 먹은 두리기둥 빛 낡은 단청 풍경 소리 날아간 추녀 끝에는 산새도 비둘기도 둥주리를 마구 쳤다. 큰 나라 섬기다 거미줄 친 옥좌 위엔 여의주 희롱하는 쌍룡 대신에 두 마리 봉황새를 틀어 올렸다. 어느 땐들 봉황이 울었으랴만 푸르른 하늘 밑 추석을 밟고 가는 너의 그림자. 패옥 소리도 없었다. 품석 옆에서 정일품 종구품 어느 줄에도 나의 몸 둘 곳은 바이 없었다. 눈물이 속된 줄을 모를 양이면 봉황새야 구천에 호곡하리라.

조지훈 〈봉황수鳳凰愁〉

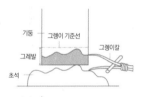

그렝이 방법.
김왕직, 『알기 쉬운 한국건축용어사전』, 동녘.

조지훈(1920~1968, 경북 영양)
『청록집』.

　기둥에는 주련이나 춘련이 붙어있는 경우가 있다. 주련柱聯은 벽이나 기둥에 판각을 하여 세로로 써 붙인 것으로 시구를 연하여 걸었다는 뜻인데, 이러한 주련은 사찰이나 고관대작들의 집이 아니면 할 수 없었다. 이에 반하여 춘련春聯은 立春大吉입춘대길 建陽多慶건양다경 萬事亨通만사형통 같은 글귀를 입춘에 맞춰 종이에 써서 대문이나 기둥에 붙여놓는 것으로 흔히 볼 수 있다.

흥부집 기둥에 입춘방

기둥마다 목판에 새긴 주련을 붙인 집(위)과 방문 옆에 종이로 춘련을 붙인 모습(아래).

판소리 〈흥부전〉에 "잠결에 기지개를 켜면 발은 마당 밖으로 나가고, 두 주먹은 벽 밖으로 나가며, 엉덩이는 울타리 밖으로 나가니, 동네 사람들이 걸리적거린다고 궁둥이 불러들이라"고 하는 대목이 나온다. 찢어지게 가난한 집을 희화화한 것인데, 이 때문에 격에 맞지 않는 것을 "흥부 집 기둥에 입춘방"이라 한다.

1960년대만 하여도 동네 어귀에 서낭당이 있었다. 성황신을 모시는 집이 있기도 하고, 단순히 돌무더기만 있는 곳도 있었다. 무당들은 오방색 띠를 걸고 치성을 드리기도 하고, 사람들은 이곳을 오갈 때마다 돌을 던져 안녕을 빌었다. 국수당은 서낭당의 평안도 사투리이다. 이곳에 매어 있는 띠 중에는 사랑의 정표인 분홍댕기도 있다.

국수당 기둥에 / 분홍 댕기
어느 기집애 매고 갔노 / 남의 눈 꺼리면서

남의 눈 꺼릴 적엔
혼자 속 태우든 게지

산새야 너는 알지
행여 내 좋아하든 그 애 아니든

김동환(1901~, 함북 경성)   김동환 〈댕기〉

기둥은 사랑의 우체통

지금은 직접 구애하거나, 용기가 없는 젊은이라도 휴대폰이나 컴퓨터를 이용하여 사랑을 고백한다. 수줍은 사람은 하트 등 그림만으로도 사랑을 표현할 수 있다. 참으로 편한 세상이다. 하지만 상대가 확실하다 보니 위 시와 같은 상상의 나래를 펼 수는 없을 것이다. 하나를 얻으면 하나를 잃어버리는 것이 우리 국기의 태극을 닮았다. 푸른색이 커지면 붉은색은 작아지고, 반대로 붉은색이 커지면 푸른색이 작아지지 않는가. 이는 우주와 자연의 섭리이기도 하다. 〈댕기〉는 갑돌이와 갑순이처럼 서로 좋아하면서도 말 못하던 어린 시절의 풋풋한 짝사랑의 노래이다.

성경 속 이야기를 영화화한 〈삼손과 데릴라〉에서, 삼손이 신전의 돌기둥을 무너뜨려 자신의 눈을 멀게 한 필리스티아인들을 죽이는 장면은 영화의 클라이맥스이다. 앗시리아인들은 포로들을 발가벗겨 기둥에 달아놓기도 하였다.

삼손이 허문 서양은 돌기둥, 한국은 나무기둥

집을 떠받치는 기둥의 역할은 동서양이 다를 바 없으나 석재를 사용한 서양과 목재인 동양은 필연적으로 다른 양식을 갖게 되었다. 서양의 돌기둥은 주초base, 주신shaft, 주두capital로 구성되지만, 동양의 나무기둥은 주춧돌이 별도일 수밖에 없는 상태에서 서양의 주신 부분만을 기둥으로 일컫는다. 그렇지만 무량수전처럼 엔터시스를 가진 기둥은 기초에 면한 부분을 기둥뿌리柱脚라 하고, 평방과 접합되는 꼭대기를 기둥머리 그리고 나머지 몸통부분을 기둥몸柱身이라 한다. 주두가 없는 대신 익공, 주심포, 다포 등에 단청까지 하여 서양의 주두보다 화려한 멋을 내기도 한다.

기둥에 핀 꽃, 주심포와 다포집

서양의 기둥은 그리스로부터 기원한 주두가 간결한 도리스식 Doric, 화려한 코린트식Corintian 그리고 중간 형태의 이오니아식 Ionic의 세 가지 양식이 있다. 바로 서양건축의 모태인 그리스 3양식이다. 이는 나중에 로마시대 5양식으로 발전한다. 이미 학교 교육을 통해 모두 배운 것들이다. 그런데 막상 우리의 공포栱包에 대하여는 무지하다. 석재를 사용하는 서양건축에서는 앞에서 말한 3양식이 발전하지만 목재를 사용한 동양건축에서는 익공, 주심포, 다포 같은 포작(공포를 짜맞추는 작업)에 의한 양식이 발전한다. 기능은 다르지만 서양에 3양식이 있다면 동양에는 공포가 있다. 건물의 성격을 정하는 데 쓰인 것 같다.

여하튼 우리에게 한국의 건축 양식이 낯선 것만은 사실이다. 고궁과 사찰을 답사하면서도 안내판의 "이 집의 건축양식은 2고주 9량가로서 민흘림기둥에 공포는 외3출목에 내5출목의 주심포집이고 지붕은 팔작지붕"이라고 써놓은 것을 보면 갑자기 문맹이 되는 것이다. 그렇다고 이런 것을 모두 알기 위해 많은 부재의 이름과 전문용어를 따로 공부할 수도 없다. 한자 실력이 있으면 그나마

서양건축의 대표적인 기둥 양식. 맨 왼쪽부터 도리아식, 이오니아식, 코린트식.

이해가 쉬우나 그렇지도 못하면 전문가에게 들어도 도통 무슨 말인지 감도 잡을 수 없다. 그래서 이 책에선 익공집, 주심포집, 다포집의 양식에 대한 단순한 구별법만 알아보기로 한다. 이것만 알아도 보는 눈이 달라질 것이다.

벽감사진*은 막대기 하나를 삼각형으로 지지하여 무거운 벽감을 지지하는 것을 보여준다. 이는 가장 작은 부재로 가장 큰 힘을 받을 수 있기 때문이다. 건물의 화려함을 더하는 공포栱包도 실은 이러한 구조원리에 의하여 만들어진 것이다.

* 204쪽 사진 참고.

한옥의 처마의 깊이는 기둥 밑에서 대개 30도 내외의 각도를 그은 선으로 한다. 이선이 집의 균제미를 극대화시킬 수 있는 선이며, 여름과 겨울의 태양 고도에 적합하기 때문이다. 일반 주택은 기둥 높이가 높지 않기 때문에 기둥을 연결하는 도리에 서까래를 얹으면 지붕이 된다. 그러나 규모가 큰 사찰의 대웅전이나 궁궐의 정전 등은 건물이 높기 때문에 그에 걸맞은 처마의 깊이가 있어야 한다. 그런데 깊은 처마는 지붕 무게 때문에 밑으로 쳐지게 된다. 이러한 처짐을 방지하기 위한 구조 부재가 공포이다. 그 외에도 지붕의 육중한 무게를 기둥에 전달하는 역할도 한다.

수덕사 대웅전의 사진을 보면 대웅전 현판 좌우의 기둥에만 포가 설치되어 있음을 알 수 있다. 이것이 기둥에만 있다 하여 주심

1. 기둥에만 공포가 있는 수덕사 대웅전 주심포집.
2. 포를 받치고 있는 둥근 외목도리.
3. 통도사 대웅전으로 기둥 사이에 공포가 하나 더 있어 다포(多包)집이라 한다.
4. 나주 불회사 내부 귀공포의 아름다운 모습. 다포집에서 공포는 안과 밖에 모두 있다.

삼각형 구조로 처마 밑의 벽감을 받치고 있다. 길게 뻗은 처마와 추가 처지지 않도록 삼각형구조를 만들기 위한 것이 공포이다. 이를 아름답게 만들어 구조와 장식을 겸하게 발전하였다.

포柱心包집이라고 한다. 위의 사진 중 두 번째 사진이 옆에서 찍은 것이다. 둥근 부재가 옆으로 누워 포위에 걸쳐있다. 이 둥근 것을 기둥 밖에 있기에 외목도리라고 한다. 이 외목도리는 서까래를 받치고 있다. 즉 지붕의 무게 중 추녀 부분의 무게를 분담하고 있는 것이다. 다음 사진은 법주사 대웅전이다, 현판 밑의 기둥을 보면 기둥과 기둥 사이에 포가 있음을 알 수 있다. 이를 포가 많다 하여 다포多包집이라고 한다.

고려시대에는 주심포집이었다가 조선시대에 와서 더 화려한 다포집이 성행하였다. 이러한 포집은 구조재를 이용하여 구조미와 더

불어 장식성의 조형미까지 갖춰 건물의 품격을 높였다. 따라서 구조와 관계없는 서양 석조기둥의 장식적인 주두와는 근본이 다르다.

이 외에 익공翼工집이 있다. 익공집은 다포나 주심포집처럼 처마를 떠받치는 외목도리가 없다. 내부 보의 힘을 보완하는 점도 있으나 장식적이 요소가 더 크다고 볼 수 있다. 날개가 하나면 초익공집이라 하고 날개가 2층으로 두 개면 이익공집이라 한다.

다포집은 궁궐의 정전이나 사찰의 주전 등 중심 건물에만 쓰였고, 주심포집은 그 외 건물에 사용되었다. 민가에서는 익공집도 드물고 대부분 기둥과 네모난 목재로 연결된 민도리집이나 둥근 목재로 연결된 굴도리집을 지었다. 이 책이 살림집인 한옥에 관한 것이기 때문에 공포에 대하여는 더 깊이 들어가지 않는다.

경기도 안성의 청룡사 대웅전 측면. 좌우 간은 기둥 사이에도 공포가 있는 다포 형식이나 안쪽의 두 간은 기둥에만 포가 있는 주심포로, 한 건물에서 두 양식을 볼 수 있다. 이 건물은 자연 상태의 기둥 속칭 '도량주'를 사용하였으며, 남사당패의 근거지로도 유명하다.

1. 강릉 오죽헌 2익공집. 새의 날개 같은 것이 아래 위 두 개가 있어 2익공이며, 하나만 있으면 초익공집이라 한다. 경복궁 경회루도 익공집으로 민가에서 잘 쓰이지 않는다.
2. 남원 몽심재는 소로수장집이다. 소로가 있어 익공집과 같으나 익공장식을 만들지 않았다.
3. 김선조 가옥은 주두조차 생략된 것으로 민가의 대분이 이렇게 지어졌다. 나의 옛집과 비교해보자.
4. 관가정은 굴도리집이다. 소로가 빠지고 주두 위에 보가 걸렸다.

자연 그대로, 굽고 뒤틀린 기둥(도량주)으로 지은 집

한국의 기둥 중에는 속칭 도량주라 하는 정형을 탈피하여 가공하지 않은 자연 상태의 나무를 사용한 것들이 있다. 수직으로 기둥을 가공한다면 아예 기둥감이 될 수 없을 정도로 굽고 뒤틀린 나무들을 기둥으로 삼은 것이다. 이런 건축이 유독 사찰건물에 많은 것을 보면 나무의 품귀나 경제적 사정보다는 스님들의 자연주의와 도목수의 창의성이 빚어낸 결과물로 보아야 한다. 이는 자연을 정복의 대상으로 삼는 서양은 물론 건축을 자연의 일부로 보는 동양에서도 특히 한국만 가지고 있는 특성이다.

만세루 종보와 로마 올림픽 실내경기장

이 중 유명한 것으로는 안성 청룡사의 대웅전, 서산 개심사의 심
검당, 구례 화엄사 구층암 요사채와 공주 마곡사 대광보전 그리고
영주 가학루 등을 꼽을 수 있다. 주목해야 할 것은 개심사 범종각
이다. 다른 건물들은 기둥도 많고 벽이 있으며 그 규모가 크기 때
문에 안정감이 있다. 그러나 범종각은 단 4개의 기둥에 보기에도
버거운 종을 매달고 있는 것이다. 휨의 형태가 서로 다른 네 개의
기둥으로 큰 종의 무게를 견딜 수 있다는 자신감이 없이는 할 수
없는 건축이다. 그렇다면 이들의 자신감은 어디서 올까?

선조들은 원목기둥을 나무가 자라던 방위에 맞춰 세웠다. 그리
해야만 집이 틀어지지 않는다는 것을 터득한 것이다. 살아있을 때
모양 그대로 기둥을 삼은 것이다. 이는 베어진 나무에 대한 최대의
경의를 표한 것이니, 여기서 친환경이란 용어는 무색할 수밖에 없
다. 그뿐이랴. 이러한 배치는 재료역학적으로도 가장 완벽한 구조
를 택한 것이다.

수덕사 내부의 가구. 소꼬리처럼
굽은 우미량(牛尾樑)과 아름다운
화반.

범종각을 마주 대하면서 필자는 고려시대 대학자 이제현이 이
앞에 섰더라면 무엇이라 했을까 궁금해졌다. 이제현은 『역옹패설
櫟翁稗說』이란 책을 써놓고 '낙옹비설'이라 하겠다고 선언하였다.
아예 한자의 음을 바꿔 읽겠다는 것인데 그 이유가 고개를 끄덕이
게 한다. 역櫟자는 나무목木에 즐거울 락樂을 붙인 것이다. 곧고 좋

무첨당 초익공 상세. 끝의 휘어진
부분을 소의 혀 같다 하여 쇠서라
한다.

1. 개심사 심검당.
2. 자연상태의 굽은 기둥을 사용한 개심사 법종루.
3. 폴란드의 비뚤어진 집 (Crooked House).
4. 영주 가학루.
5. 선운사 만세루의 Y자 보.
6. 로마 올림픽 실내경기장의 Y자 기둥.

은 소나무는 일찍 베어져 재목으로 쓰이지만 굽거나 잡목은 베어지지 않고 그 수명이 다하니 어찌 기쁘지 아니하랴. 그래서 "역"으로 쓰고 "낙"으로 읽는다고 하였다. 그런데 재목으로 쓰일 수 없는 멋대로 굽은 나무가 기둥이 되어 지붕을 인 채 삼백 근 범종까지 들고 있다.

"도편수일까, 주지스님일까? 아궁이 들지 않고 조석예불 종소리에 흠뻑 젖게 한 이가."

필자는 건축사의 입장에서 그것이 궁금한데, 아마 이제현이 보았다면 이렇게 나왔을지도 모른다.

"처음엔 이 기둥들이 올 곧은 나무로 세워진 것인데 아침저녁 울려 퍼지는 종소리와 독경 소리에 득도하여 그 기쁨에 춤추다가 꼬인 것일세."

그렇다면 유독 가운데가 부른 심검당의 기둥도 갈라진 틈새로 부처님 말씀 머금다 보니 배불뚝이가 되었는지도 모른다.

나무의 생김새대로 사용한 예 중에는 기둥 외에 들보에서도 찾을 수 있는데, 전북 선운사 만세루는 대들보 위 종보에 디딜방아 모양의 Y자 나무를 사용하였다. 이를 보면 구조주의 건축사 네르비Pier Luigi Nervi 가 설계한 1960년 로마 올림픽 실내경기장이 생각난다.

만공 스님이 거처하던 예산 덕숭산 소림초당. 모두 휘어진 도량주만 사용하였다. 선(禪)하는 스님의 자유하는 모습 그대로이다. 추사 김정희의 세한도가 연상된다.

영광 연암김씨 종택. 고종이 하사한 삼효문의 2층 누각이 있는 대문에 굳이 구부러진 기둥을 사용한 이유는 무엇일까? © 강태훈 건축사

내 집을 기둥 삼아 텃밭 만든 거미 농부

동물의 집에도 기둥이 있을까?

"외까마귀 울며 나른 알로 / 허울한 돌기둥 넷이 스고 / 이끼 흔적 푸르른데 / 황혼에 붉게 물들다"

정지용의 이 시를 보면, 사람과 같이 기둥을 세우고 집짓기를 하는 까마귀를 관찰한 것을 알 수 있다.

함민복은 "거미집이란 시를 한 편 써 봐야지. 우선 거미를 잘 관찰하자. 거미에 대해 이런저런 생각을 하며 집안에서 끙끙 앓고 있을 때 집은 거미집 기둥 하나가 되어주며 나를 깨우쳤다.

내가 교만한 마음으로 거미를 관찰한다고 펼쳐보았던 생각들 전체가 담긴 집이 거미집 기둥 하나로 쓰이다니. 기겁하여 쓴 시가 거미이다. 아니 집이 내 손을 잡고 써준 시가 거미다"라면서, 거미를 농부에 비유하고 있다. 기둥과 처마 사이 거미집을 보는 시인의 눈이 놀랍다.

불빛 나가는 창가에 줄을 쳐 놓았다

새소리와 꽃향기를 가로막고
내 집을 기둥 하나로 삼아
농부가 논두렁에 쪼그려 앉아 있다

함민복(1962~)
『말랑말랑한 힘』, 문학세계사.

함민복 〈거미〉

　전통건축에서 빼놓을 수 없는 것이 기둥의 귀솟음과 안쏠림 기법이다. '귀솟음'은 얼굴의 귀가 솟아있는 것처럼 양쪽 귀퉁이 기둥 높이를 조금 높게 만드는 것이다. 이는 중앙부보다 양끝이 쳐져 보이는 착시현상을 바로잡기 위한 것이다. 안쏠림 또한 귀기둥 부분이 약간 벌어져 보이는 착시현상을 바로잡기 위한 것으로, 배흘림기둥과 마찬가지 기법인 것이다. 이러한 선조들의 기법을 현재를 살아가는 건축사들은 적용하지 않지만, 아름답고 기능적인 기둥을 만드는 열정에는 변함이 없다.

　감춰지든 드러나든 튼튼함과 아름다움만 생각하면서 무수히 만들어낸 건축사의 기둥, 그 기둥들에게 시인은 땅에 뿌리박고 거대한 지붕을 떠받들며 움직일 수 없는 삶을 살아야 하는 생명체로서 애처로운 삶을 그리고 있다.

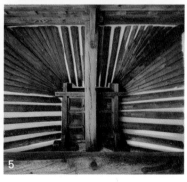

1. 경복궁 근정전 회랑.
2. 예안 이씨 충효당 내 별당인 백원당 대청. 대들보에서 측면 기둥에 걸치는 충량. 높이가 다르기에 휘어진 목재를 쓴다.
3. 종보에서 종도리를 받쳐주는 대공. 대공은 모양에 따라 여러 이름으로 불린다. 종보에는 편액처럼 글씨를 썼다.
4. 영천 숭렬당의 내부 보아지
5. 성백당 사랑의 천장. 서까래와 선자서까래 그리고 눈썹반자.

로마와 그리스의 엔터시스와 한국의 민흘림, 배흘림 기둥의 비교. (자료: 한국건축학대계 5. 목조 장기인)

밖으로 갈수록 기둥의 높이를 조금씩 높혀 주는 것을 귀솟음이라 하고 기둥머리를 안쪽으로 약간씩 기울여주는 것을 안쏠림 또는 오금이라 한다. 착시현상을 없애주는 역할을 하며, 이는 고도의 기술을 요하는 것으로 일본에는 우리 선조들이 직접적인 영향을 받은 나라시대를 지나면 없다.

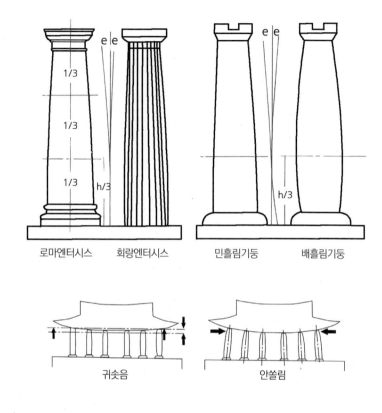

로마엔터시스 회랑엔터시스 민흘림기둥 배흘림기둥

귀솟음 안쏠림

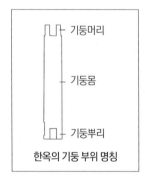

기둥머리

기둥몸

기둥뿌리

한옥의 기둥 부위 명칭

제 발목을 묶고 생의 무게를 견뎌야 하는 수직의 성

그늘이 뚝뚝 떨어져 내리는 날
땅 속에 제 발목을 묶고
생의 무게를 견뎌야 하는지
누구도 알지 못했기에
몸 안쪽에 세워 놓았을 테지
수직의 성城이 되어

제 자리를 떠나지 못했을 테지

눈과 팔다리는 보이지 않아

균형을 잃지 않는 한 몰랐을 테지

버팀목이란 이름으로 세워져

측량한 만큼의 공간에 갇혀

다른 노래를 담아 둘 수 없는

가슴을 열고 들여다보면

달리 과녁을 빗나간 적 없이

낡아가는 뿌리의 소리가 들릴 테지

박혜숙 〈기둥의 구조〉

박혜숙(인천 강화)
『기둥의 구조』, 책마루.

한옥에서 길게 뺀 추녀의 선은 아름답다. 그러나 그만큼 무게가 가중되어 추녀는 제 모습을 견디기기 쉽지 않다. 이를 보완하기 위하여 추녀 끝에 세운 것이 활주이다. 기둥은 기둥인데 기둥 대접을 제대로 못 받는 서자 같은 존재이다. 주권재민主權在民이라 하지만 극소수의 사람을 제외하고는 모두 소리 없이, 이름을 남기지 못하고 역사 속으로 사라진다. 그러나 이름 없는 백성들이 없었다면 역사의 수레바퀴는 멈추고 만다. 활주가 없으면 추녀가 무너지고 추녀가 무너지면 지붕이 무너지듯이.

나는 이 세상과 사회에서 또는 직장과 학교에서 주춧돌인가, 기둥인가 아니면 활주인가.

경북 군위 한밤마을 남천고택. ⓒ 우종태 건축사

벽

벽이란 단어는 일반적으로 막힘과 어려움 고독 등과 함께한다. 하지만 건축의 벽은 필요불가결의 존재이다. 공간은 바닥과 천장과 벽이 있어야 완성되기 때문이다. 옆집과 벽이 없는 아파트나, 벽이 없는 화장실을 생각해보면 벽이 얼마나 귀한지 새삼 느끼게 될 것이다. 그뿐만 아니라 외부에 벽이 없다면 추위와 더위는 물론 비바람도 막을 수 없으니 사람 사는 집이라 할 수 없다.

현재 남아 있는 한국의 전통 주택은 대부분 목조로 되어 있으나, 옛날 서민층은 목재 구하기가 어려워 토담집을 지어 살았다. 토담집은 진흙에 짚을 썬 여물을 넣고 짓이겨 대문짝 등을 거푸집 삼아 다져 넣은 벽에 지붕을 만든 것이다. 벽이 두꺼워 여름에 시원하고 겨울에 따뜻한 장점이 있으나 구조적으로 약하여 공간을 한 간 이상 넓히기가 어려웠고 문을 크게 낼 수도 없었다. 그래서 방을 들

고 날 때는 허리를 구부려야 하고 손님들은 머리를 부딪치기가 다
반사였다.

가난한 서민의 토담집

　토담집의 토담은 거푸집을 떼고 나면 습기가 마르면서 벽 사이
가 벌어진다. 이렇게 벌어진 틈새를 메꾸는 작업을 초맥질이라 한
다. 이는 초벽 위에 진흙을 이겨 몽당빗자루나 맨손으로 덧바른 것
을 말한다. 이렇게 초맥질을 해도 여름장마나 태풍 그리고 해동解
冬이 되면 토담은 상처가 났다. 그래서 집주인은 바쁜 농사철을 피
해 재빨리 다시 손을 봐야했다.

　　그럴싸 그러한지 솔빛 벌써 더 푸르다
　　산골에 남은 눈이 다산 듯이 보이고녀
　　토담집 고치는 소리 볕발 아래 들려라

＊정인보(1893~1950)
한학자, 역사학자. 『조선사연구』
『담원 정인보전집』.
　정인보＊의 〈조춘早春〉이라는 시조이다. 청소년들에게는 낯설게
여겨지겠지만 60대 이상의 노년층들은 교과서에서 배운 시조이
다. 노년층이 이 시조를 읽는다면 봄이 오는 모습이 눈에 선할 것
이다.

판벽, 흙벽, 회벽, 회사벽 그리고 화방벽

토담집은 쉬이 허물어지기에, 지금 남아 있는 한옥은 모두 목조라고 봐야 한다. 목조한옥에서 벽은 판벽과 흙벽으로 나눌 수 있다. 판벽은 나무널로 벽을 만든 것으로 주로 고방과 마굿간 그리고 부엌 찬간 등에 설치하였다. 재미있는 형태의 창문과 통기구를 두었다.

거푸집에 흙을 다져 만든 토담집. 조선 말 헤이그 밀사의 3인 중 한 분인 이상설 선생의 생가(충북 진천)도 토담집이다.

흙벽은 가구 사이에 작은 나뭇가지나 대나무로 엮어 놓은 후, 진흙에 볏집 자른 여물과 모래를 섞어 짓이긴 흙벽을 기둥 두께로 바른다. 일반 주택들은 그로서 완성되지만 반상가나 부잣집들은 그 위에 회벽이나 회사벽을 덧바른다. 회벽은 색깔이 희고 습기에도 강하였다.

한옥의 벽 중에 화방벽火防壁있다. 중방 이하에 두터운 덧벽을 만드는데 이는 비와 불을 막기 위한 것이다. 그 외에 팔작지붕의 합각면을 합각벽이라고 한다. 이 두 가지 벽에는 글과 그림으로 장식을 하였다.

한국의 벽은 휴머니즘적 추상이다

목조한옥의 벽체에 대하여 임석재 교수는 "한옥의 입면에 그려지는 추상은 온기가 배제된 차가운 기하학적 추상이 아니다. 집안에 일어나는 훈훈한 가족살이 이야기를 들려주는 휴머니즘적 추상이며 살림살이 이야기를 읽어낼 수 있는 리얼리즘적 추상이다, 한

1. 향단의 곳간과 마굿간의 판벽. 살창이 위에 놓여 있다. 오른쪽 끝 빈공간은 대문.
2. 대부분의 집에 있는 고방이다. 창문에 걸쳐놓은 갈퀴, 괭이 등 농기구의 모습.
3. 하회 북촌댁의 고방판벽.
ⓒ 박해진, 노현균, 대한건축사협회, 『민가건축』

* 임석재, 『우리 건축 서양 건축 함께 읽기』, 컬처그라퍼.

옥의 입면은 회벽과 목재 이외에 는 어떤 다른 것도 절제한다. 문도 꼭 필요한 만큼만 나 있다. 한옥의 추상입면은 비대칭이라는 또 하나의 건축적 매력을 갖는다"고 했다. * 한옥 벽에 대한 가장 적합한 표현이다. 상류주택 중 일부는 올곧은 목재와 모듈을 적용하여 벽면을 만들기도 하였지만 그 조차도 부분적인 것에 머물렀다. 완벽한 대칭성으로 위엄만이 존재하고 인간미가 없는 서양건축과 대비된다.

사람들은 원시시대 주거인 동굴 벽에 그림을 그렸고, 동서양을 막론하고 무덤의 벽과 지상의 벽에도 벽화를 그렸다. 서라벌 황룡사 법당 안에 솔거가 그린 소나무에 새들이 앉으려다 벽에 부딪혀 죽었다는 전설을 우리는 알고 있다. 지금도 벽에 그림을 걸고, 벽에 기대어 가구나 침대를 놓는 등 사람들은 벽을 의지하며 친한 시간을 보내고 있다. 액자를 걸기 위해 벽에 못을 칠 때, 벽과 못도 생명이 있다면 이들은 어떤 대화를 할까.

판벽을 기초석에 물린 석파정. 소나무를 판재로 켜서 벽을 만드는 판벽은 주로 창고, 부엌의 찬간 등에 사용되었다.

나는 수많은 사람들에게 몇 번이나 못질 했나

벽에다 못을 칠 때 얘긴데요,
만일에 벽이 못더러 "넌 죽어도 싫다" 하면
못이 그 자리에 들어가 박힐 수 있을까요?
또 벽에서 못을 뽑을 때 얘긴데요,
만일에 벽이 못더러 "난 널 죽어도 못 놔 주겠다" 그러면
못이 나올까요?

(후략)

윤제림 〈어린 날의 사랑〉 중에서

윤제림(충북 제천)
『사랑을 놓치다』, 문학동네.

사람은 몸에 주사 맞는 순간에도 아파한다. 그러나 벽은 제 살점이 떨어져가도 울지 않고, 그 예리한 못 끝을 생살로 감싸 안고 살아간다. 나는 지금까지 못으로 살아오면서 벽으로 살아온 사

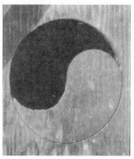

부엌 판벽의 태극문양 채광통풍구. 유교가 지배한 성리학의 나라답게 아녀자들의 전용공간인 부엌에까지 태극이 사용되었다. 남진태 씨 댁 부엌광창(위). 안강 김기댁 부엌광창(아래).
© 신영훈, 『한국의 살림집(상)』, 열화당.

람들에게 얼마나 많은 대못질을 했던가. 액자 하나 걸기 위해 벽에 못질하면서 스스로 반성하는 시인의 모습이 우리 모두의 삶을 되돌아보게 한다.

메밀꽃 핀 그림 액자 하나 걸으려고
안방 콘크리트 벽에 박는 못
구멍만 만들고 풍경은 고정시키지 못한다
순간, 그 구멍에서 본다
제 몸의 상처 포기하지 않으려고
안간힘을 쓰고 있는 벽
견디지 못하고 끝내는 떨어져 나온
조각들

벽, 날카로운 못 끝을 생살로 감싸 안아야
못, 비로소 올곧게 서는 것을

망치질 박힘만을 고집하며 살아온 나
부스러지려는 자신을 악물고
기꺼이 벽으로 버티며 견디고 있는, 저
수많은 사람들 향해 몇 번이나
못질했던가

꾸부러지지 않고 튕겨나가지 않고
작은 풍경화 한 점 고정시키며

더불어 벽으로 살기까지

신현복 〈못을 박다가〉

신현복
『동미집』, 다시올.

남편은 벽, 나는 벽속에 박힌 녹슨 대못

벽과 못에 대한 또 한 편의 시가 있다. 벽은 누구이며 못은 또 누구일까? 미국의 남북전쟁 당시 저널리스트 앰브로스 비어스 Ambrose Bierce는 "결혼생활은 주인과 여주인 그리고 두 노예로 이루어져 있으나 전체를 합치면 두 명인 공동체 상태"라고 하였다. 주인이 되려고 하면 할수록 갈등은 깊어지기 마련이다.

양북 김제열 씨 댁 부엌광창.
태극의 다른 형태이다.
ⓒ 신영훈, 『한국의 살림집(상)』,
열화당.

이십년 넘게 벽 같은 남자와 살았다. 어둡고 딱딱한 벽을 위태롭게 쾅쾅 쳐왔다. 벽을 치면 소리 대신 피가 났다. 피가 날 적마다 벽은 멈추지 않고 더 벽이 되었다. 커튼을 쳐도 벽은 커튼 속에서 자랐다. 깊은 밤, 책과 놀다 쓰러진 잠에서 언뜻 깨보면 나는 벽과 뒤엉켜 있었다. 눈도 코도 입도 숨도 벽 속에 막혔다. 요즘 밤마다 내가 박혀 있던 자리에서 우수수 돌가루 떨어지는 소리 들린다. 벽의 영혼이 마르는 슬픈 소리가 들린다. 더 이상 벽을 때릴 수 없는 예감이 든다. 나는 벽의 폐허였다. 그 벽에 머리를 처박고 식은땀 흘리는 나는 녹슨 대못이었다.

최문자 〈벽과의 동침〉

최문자(1943~, 서울)
『그녀는 믿는 버릇이 있다』,
시와표현.

1. 낙안읍성의 돌담집,
2. 달성 삼가헌 곳간의 돌담집. 문 부분의 회사벽이 회화를 보는 느낌이다.

말이 통하지 않아 벽이라 생각하며 함께 살아온 남편, 그래서 답답할 때는 잔소리에 쾅쾅 쳐보기도 했는데, 어느새 세월이 흘러 이제는 더 이상 벽을 때릴 수 없는 예감이 들고 보니, 오히려 자신이 "벽 속에 박힌 녹슨 대못"이란 고백이 자신의 의지와 관계없는 부부의 동화 과정을 시어로 전하고 있다. 자녀와 가정을 지키기 위하여 많은 어머니들이 벽 같은 남편과 살았으리라.

시 속에는 "벽과의 동침"이 아닌 벽 속에 사는 사람도 등장한다. 김필규 시인은 〈벽: 가슴에 흐르는 강〉에서 벽 속에 산다고 절규한다. 하늘, 산, 바다 등 시를 쓸 주제는 빤히 보이는데도 마음과 달리 시가 나오질 않는다. 이런 답답한 심정을 벽 안에 갇혔다고 표현한다. 시를 쓰려고 혼자서 몸부림치지만 그럴수록 벽은 더욱 단단해진다. 앞서 '빈집'에서 시인들은 써 놓은 시들을 모두 별 볼일 없는 말장난 정도로 치부한다. 이에 반하여 김 시인은 시작 과정의 어려움을 벽 속의 감옥으로 표현한다. 시를 전재하지는 못하나 이런 창작의 고통은 시인뿐 아니라 건축가 등 모든 예술가들에게 똑 같이 존재한다.

춘향전 이몽룡 집, 계서당 벽에 핀 해맑은 미소

한옥의 목조 벽은 심벽心璧과 평벽平璧으로 나뉜다. 심벽은 기둥이나 중방 등 목구조재가 그대로 보이면서 기둥 사이를 벽으로 마감한 것이고, 평벽은 기둥이 마감재에 의하여 보이지 않는 것을 말한다. 한옥의 대부분은 기둥이 보이는 심벽이지만 평벽이 사용되기도 한다. 가장 흔한 평벽은 행랑채나 사랑채 등 집 밖의 경계에 면한 부분과 부엌과 곡간인데, 이렇게 두껍게 쌓은 벽을 화방벽火防

운조루의 돌로 쌓은 화방벽(왼쪽)과 하회 북촌댁의 와편으로 문양을 넣은 화방벽. 화방벽은 화재 등을 막기 위해 벽을 두껍게 한 것이다. 토담집에도 화방벽이 있다.

홍성 조응식가는 태극문양과 천하태평(天下泰平)을, 괴산 김기응씨 댁은 궁궐 담과 같이 전돌을 가지고 부(富)와 수(壽)를 넣은 화방벽을 만들었다. ⓒ 김현용 건축사

壁, 즉 화재를 방지하기 위해 쌓은 벽이라고 한다.

화방벽의 재료는 구운벽돌과 사고석이나 강돌 등 석재를 사용하였으며 기왓장을 섞어 흙벽으로 만들기도 하였다. 부엌이나 그에 부속된 찬광 그리고 변소나 헛간 등은 나무를 판재로 만든 판벽을 사용하였다. 이렇듯 용도에 따라 다양한 재료를 사용한 한옥의 벽에는 글자나 그림을 넣기도 하는데, 이는 벽을 화려하게 장식하는 의미 외에 교육의 의미나 주인의 철학도 표현하였다.

경북 봉화의 계서당溪西堂 사랑채에는 기왓장으로 사람의 웃는 얼굴을 두 곳에 만들었다. 계서당은 계서溪西 성이성成以性의 집으로, 그는 〈춘향전〉 속의 이몽룡이다. 그의 부친 성안의가 4년간 남원부사로 있을 때, 그는 그곳에서 13세부터 17세까지 문무가 출중한 조경남 장군에게 사사하였다. 그가 45세에 암행어사로 남원에서 스승을 만나 춘향과의 로맨스를 털어놓은 것을, 스승이 춘향전으로 만들었다고 한다. 12방백이 모여 잔치하는 날 거지 모양으로 어사출두를 한 것이나, 그 자리에서 읊은 시 "금준미주천인혈金樽美酒千人血", 즉 "금동이 속 맛있는 술은 만백성의 피"라는 시도 모두

춘향전의 이도령 실제모델이 살던 계서당. 기왓장으로 벽을 만들면서 해맑게 미소 띤 얼굴을 만들었다.

그의 저서 계서유사溪西遺事나 4대손 성섭의 필원산어筆苑散語에 나오는 사실이다.

이런 곳에 하회탈춤의 양반탈보다 더 흥겨운 웃음을 담뿍 담은 모습을 만든 이유는 무엇일까? 항상 즐거운 마음으로 살라는 것일까, 아니면 항상 반갑게 손님을 맞고 교유하라는 뜻일까. 사연은 알 수 없으나 보는 것만으로도 즐겁다.

충남 홍성의 조응식가 사랑채 벽에는 천하태평天下泰平과 태극의 4괘를 기왓장으로 만들었다. 나라를 걱정하는 주인의 선비정신을 표현한 것이리라.

벽을 보는 두 시인의 눈, 박인환과 정호승

이제, 극복하기 어려운 한계나 장애 또는 관계나 교류의 단절 등의 시어로써 벽과 화해와 용서의 극단적인 시 두 편을 비교해보자.

"한 잔의 술을 마시고 / 우리는 버지니아 울프의 생애와 / 목마를 타고 떠난 숙녀의 옷자락을 이야기 한다"로 시작하는 박인환의 〈목마와 숙녀〉를 우리는 지금도 애송한다. 낭만적인 박인환은 6.25전쟁 휴전 후 3년 만인 1956년 40세의 젊은 나이에 세상을 하직하였다. 그는 6.25 전쟁 후 어지러운 정치 세태를 증명하듯, 아무도 바라보지 않는 정치 포스터와 격문이 붙어있는 외벽을 보고 절규하며 절망한다.

그것은 분명 어제의 것이다

6.25 전쟁 이후 사사오입 개헌 등으로 정치판에 회의를 느낀 엘리트들이 많았다. 3. 15 부정선거 포스터.
ⓒ 국가기록원 CET0045235

나와는 관련이 없는 것이다
우리들이 헤어질 때에
그것은 무정하였다

하루 종일 나는 그것과 만난다.
피하면 피할수록 / 더욱 접근하는 것
그것은 너무도 불길을 상징하고 있다.
옛날 그 위에 명화가 그려졌다 하여
즐거웠던 예술가들은 / 모조리 죽었다

지금 거기엔 파리와
아무도 읽지 않고 / 아무도 바라보지 않는
격문과 정치 포스터가 붙어 있을 뿐
나와는 아무 인연이 없다.

그것은 감성도 이성도 잃은 / 멸망의 그림자
그것은 문명과 진화를 장해하는 / 사탄의 사도

나는 그것이 보기 싫다.
그것이 밤낮으로 / 나를 가로막기 때문에
나는 한 점의 피도 없이 / 말라 버리고
여왕의 부르시는 노래와 / 나의 이름도 듣지 못한다.

박인환(1926~1956, 강원 인제)　　박인환 〈벽〉

1. 석파정의 행랑채. 기단석 위 막돌 쌓기를 하고 그 위에 전돌과 와편을 쌓았다. 큰 것으로부터 작은 것, 가느다란 것으로 변화하는 기법이 다양하게 나타난다.
2. 막돌 기초 위에 큰 다듬돌을 놓고 그 위에 기왓장을 가지고 토기 문양처럼 소박한 문양을 넣은 화방벽.
3. 사고석으로 쌓은 궁궐의 화방벽.
4. 화방벽을 타고 오른 담쟁이의 여름과 가을. ⓒ하늘이 아부지

기왓장을 이용하여 리드미컬하게 만든 예안 이씨 충효당 벽.

벽에는 문이 있다

노년층은 〈돌아가는 삼각지〉를 부른 배호를, 장년층은 〈하얀 나비〉를 부른 김정호를 기억할 것이다. 희망보다 절망, 기쁨보다 슬픔을 노래한 가수들은 하나같이 30대 전후에 요절하였다. 박인환의 〈벽〉에도 그런 단명의 그림자가 보인다.

어른들은 "말이 씨된다"라거나 "말하는 대로 된다"란 말씀을 하셨다. 이제 긍정과 희망으로 가득 찬 〈벽〉을 보러 가자.

나는 이제 벽을 부수지 않는다
따스하게 어루만질 뿐이다
벽이 물렁물렁해질 때까지 어루만지다가
마냥 조용히 웃을 뿐이다
벽 속으로 천천히 걸어 들어가면
봄눈 내리는 보리밭길을 걸을 수 있고
섬과 섬 사이로 작은 배들이 고요히 떠가는
봄바다를 한없이 바라볼 수 있다

나는 한때 벽 속에는 벽만 있는 줄 알았다
나는 한때 벽 속의 벽까지 부수려고 망치를 들었다
망치로 벽을 내리칠 대마다 오히려 내가
벽이 되었다
나와 함께 망치로 벽을 내리치던 벗들도
결국 벽이 되었다
부술수록 더욱 부서지지 않는
무너뜨릴수록 더욱 무너지지 않는
벽은 결국 벽으로 만들어진 벽이었다

나는 이제 벽을 무너뜨리지 않는다
벽을 타고 오르는 꽃이 될 뿐이다

1. 수덕사 대웅전 측벽. 황금색으로 빛나는 벽 사이에 배흘림기둥과 보와 도리 등 목구조가 아름답다.
2. 한옥에서 보기 드문 회엄사의 가새가 있는 벽.
3. 보성 이용욱가의 회벽.

내리칠수록 벽이 되던 주먹을 펴
따스하게 벽을 쓰다듬을 뿐이다
벽이 빵이 될 때까지 쓰다듬다가
물 한 잔에 빵 한 조각을 먹을 뿐이다
그 빵을 들고 거리에 나가
배고픈 이들에게 하나씩 나눠줄 뿐이다

정호승 〈벽〉

정호승(1950~, 하동)
『이 짧은 시간 동안』, 창비.

1. 그림을 붙인 운조루 대청.
2. 현판으로 장식한 오죽헌.
3. 미수 허목이 쓴 백운정 현판.
4. 안사랑채 온돌방 안의 한시.

　　용서는 상대를 위한 것이 아니고 자신을 위한 것이다. 상대를 미
워하는 만큼 자신도 괴롭기 때문이다. 정호승 시인은 "벽을 벽이라
고만 생각하면 벽이고, 벽 속에 문이 있다고 생각하면 문을 발견할
수 있다. 항상 벽은 문이라고 생각하는 태도가 중요하다"란 말을
자주한다고 한다. 건축가의 벽에는 반드시 문이 있다. 문이 없다면
벽으로 둘러싸인 공간은 쓸모가 없기 때문이다. 벽은 문이 있음으
로 존재한다는 건축적 사실을 그는 용서의 돌파구, 화해의 입구로
승화시킨 것이다.

　　벽이 빵이 될 때까지 그리고 그 빵을 배고픈 이들에게 나눠주는
마음, "원수를 사랑하라"는 성경의 실천이 〈벽〉 속에 있다. 모든 이
의 심성이 그리 되면 그곳이 지상천국이 아니겠는가.

벽과 지붕의 경계가 사라진 현대건축

시의 주제로 대부분을 차지하는 내벽은 기능과 용도에 의해 나뉘지고 특별한 경우가 아니고는 단순하게 처리되지만 외벽은 건물의 성격과 외형을 결정짓는 가장 큰 요소이기 때문에 건축사들은 많은 시간을 할애한다. 돌과 벽돌 등 과거의 외벽과 달리 현대의 외벽은 유리와 알미늄을 비롯한 각종 금속재는 물론 목재류까지 그 재료가 다양하며, 컴퓨터의 발달과 함께 자유곡선과 비정형의 입면들이 속출하고 있다. 한국에도 동대문 디자인 플라자DDP 등에서 이런 것들을 볼 수 있다.

벽과 지붕의 경계가 사라진 동대문 DDP 건물(위)과 스페인 빌바오의 구겐하임 미술관.

(전략) 물위에 떠 있는 듯 미술관 외벽 티타늄이 물고기 비늘처럼 어우러져 아침 보드라운 햇살을 받으면 한 마리 물고기가 되어 헤엄치고, 한낮 발갛게 타오르는 햇살을 받으면 한 송이 장미꽃이 벙글고, 엷은 석양빛을 받을 땐 한 척의 배가 되어 출렁이는 구겐하임 미술관 (후략)

전순영 〈구겐하임 미술관〉 중에서

전순영
『숨』, 현대시학.

전순영 시인의 〈구겐하임 미술관〉이란 시이다. 과거 철강도시로 유명한 스페인 빌바오가 퇴락의 길에서 하루 관광객 천 명을 목표로 세웠던 구겐하임 미술관, 이것이 빌바오의 중흥을 가져올 것이라고는 생각조차 못하였다. 스페인으로서는 바르셀로나의 사그라다 파밀리에(성가족성당)가 우연이라면, 구겐하임은 처음부터 계획한 것이 다를 뿐이다.

1. 예천 권씨 별당 상부가구는 화려한 화반과 보아지가 대칭이지만 서까래의 선들이 대칭을 깬다. 한옥의 아름다움은 이러한 자연스러움에서 배어난다.
2. 벽에는 쪽마루와 함께 선반을 설치하였다.
3. 사벽으로 마감한 농가의 외벽. 소쿠리 같은 필요한 것들을 달아놓았다.
4. 관가정 안채 대청. 눈웃음치는 것 같은 굽은 보와 앙증스런 문들.

오스트레일리아 상징이 캥거루에서 시드니 오페라하우스로 바뀐 지도 꽤 오래되었다. 리더의 판단과 한 건축가의 재능과 노력이 함께한 결과이다.

구겐하임 미술관이 아니더라도 벽은 민모습을 하지 않는다. 외벽의 경우 페인트나 돌 또는 금속판으로 화장을 하고 내부에도 페인트나 도배지 또는 타일 등으로 용도에 따라 치장을 하게 마련이다.

이런 작업의 바탕에는 벽을 고르게 하는 미장이가 있어야 한다. 시인은 이들의 고달픈 작업을 벽화를 그리는 화가와 같이 대하고 있다. 이 얼마나 품격 있는 발상인가. 그리고 보니 그들은 보기 흉한 벽을 매끈하게 만든다. 벽화도 미장도 모두 보기 좋게 만드는 작업이다. 새로운 공법의 개발로 미장이의 일이 줄긴 했으나 숙련공은 그보다 더 줄어 공사현장에선 구인난이다. 미국의 경우 미장

공의 수입은 고소득자로 분류되고 있다.

벽에 벽을 그리는 사내

시멘트 반죽을 바르는 조용한 사내가 있다.

(중략)

흙손이 움직일 때마다

굵직한 선이 쟁깃날을 물고 깨어나는 싱싱한 밭고랑처럼

제 길 따라 시퍼렇게 풀려 나온다. 뭘 그리는 것인지 막막한 여백이

조금씩

움찔, 움찔, 물러난다.

혁신하는 사내가 있다

(중략)

벽에 번지는, 벽을 먹어 들어가는 사내가 있다 //

벽에, 벽을 그리는 사내가 있다 //

벽에 꽉찬 벽에

비계飛階를 내려오는 석양의 고단한 그림자가 길게 그려진다, 천천히

미끄러진다. 벽에 떠밀리는 사내가 있다 //

벽에, 마감재 같은 사내의 어둠이 서서히 발리고 있다

문인수 〈벽화〉

문인수(1945~, 경북 성주)
『배꼽』, 창비.

이제 우리의 한옥으로 다시 돌아가자.

벽에는 벽장이 있다. 이는 궁궐이나 민가나 매한가지이다. 대체로 부엌의 부뚜막 위에 설치된 것이 벽장이고 부엌 상부 전체를 수장고로 만들면 다락이 된다. 벽장은 다용도 물품창고 역할을 했다. 그중에도 간식거리가 숨겨져 있는 곳이기도 하여, 어린 시절 배가 출출할 때면 습관적으로 벽장 문을 열어보곤 하였다.

마해송의 〈앙그리께〉란 동화의 한 장면이 떠오른다. 영애는 벽장 속의 과자를 몰래 먹은 후, 엄마의 추궁이 떨어지자 "나 하나 먹고 영애 하나 먹고"라고 대답한다. 절대 내가 두 개는 안 먹었다고 변명하는데 결국, 다시는 "앙그리께(안 그럴게)"라며 용서를 비는 내용이다. 벌써 읽은 지가 60여 년은 된 것 같아 기억이 가물가물하다.

장노년층 독자들은 안방 벽장에서 엄마 몰래 먹을 것을 훔쳐 먹다 꾸중 들은 적이 있을 것이다. 그것이 엿이나 곶감이든 하다못해 마른 멸치나 김 쪼가리였더라도. 또 할아버지의 사랑 벽장 속 꿀단지나 사탕이 생각날 것이다. 시인은 돌아가신 아버지의 벽장 속에서 어린 날과 아버지를 회상한다.

벽장을 열고 닫는 것은
달과 수의와 흙에 관한 이야기
아무도 몰래 벽장 속으로 숨어들면
환하고 즐거운 무덤 속 같은 가족의 흙냄새가 묻어난다
가볍고 흔한 사물들과 함께
아버지의 누런 일기장이 빛바랜 달처럼 풀어지고 있어요

내가 첫 발을 떼어놓던 꽃신과

1. 추녀 밑 판벽에 마당에서 써야 하는 각종 기구를 걸어놓은 모습.
2. 화산석으로 지은 제주 돌집. ⓒ 김영식 건축사

배냇저고리와 봉숭아 물든 봉인된 손톱

한 줄 한 줄 나이테를 만들어내는 나무처럼

벽장이 살아 숨 쉬고 있어요

아버지. 나도 저 벽장 속에서

달그락거리는 달

 달빛을 받은 고운 수의이고

나비의 표본이고 옻 칠한 관

나는 아버지의 벽장을 하얗게 지키고 있는 달빛병정

좌측에 두 곳의 벽장과 우측에 다락으로 오르는 문이 보인다. 이토록 보이지 않는 수납공간이 한옥에는 많다.

정운희 〈벽장〉

정운희(충북 충주)
『안녕, 딜레마』.

산청 남사 예담촌 ⓒ 박무귀 건축사

문과
대문

조선 정조 때 이만영이 저술한 『재물보』*에는 "문은 어떤 장소를 출입할 수 있는 시설이며, 한 짝이면 호, 두 짝이면 문이고, 창은 건물의 눈이며 외호는 대문"이라 하였다.

대문은 집과 밖의 경계에 있는데 작은 집들은 싸리나무나 짚으로 엮은 사립문을 달고, 그 외에는 나무판재로 만든 대문을 달았다. 사대부가에는 안채, 사랑채, 행랑채 등 여러 채의 집이 있어 이를 구획하는 곳마다 문이 있다. 또한 대문을 들어서면 중문이 있고 작은 협문이나 쪽문들이 곳곳에 있다. 정문에 설치하는 솟을대문은 종2품 이상이 타는 외바퀴 수레인 초헌軺軒이 다니는 데 이상이 없도록 대문의 높이를 높인 것으로 위엄과 권위의 상징이었다.

* 『재물보』는 이만영이 정조 22년에 엮은 8권 4책의 유서이다.

흔히 접할 수 있는 한옥 대문.
ⓒ 문화재청

1. 닫아도 안이 보이는 정겨운 농촌의 사립문.
2. 종2품 이상 벼슬아치의 초헌이 드나들 수 있는 솟을대문. 하회 북촌댁.
3. 옥천향교삼문.
4. 사찰의 초입에 있는 일주문.
5. 관아의 삼문. 낙안읍성.

한 짝이면 호 , 두 짝이면 문, 외호는 대문으로

필자의 고향집은 대문을 들어서면 벽이 보이고 직각으로 꺾여 같은 규모의 중문이 있다. 이는 대문에서 부엌이 보이면 복이 나간 다는 가옥풍수와 내외하는 관습 때문에 만들어진 것이다. 그렇기 에 문을 직선으로 낼 경우, 부엌 앞에는 내외담이란 쪽담을 설치하 였다. 집과 담 사이의 작은 문은 협문夾門이라 한다.

이 밖에도 절 입구의 일주문과 정려각, 효자각 앞의 홍살문 그리 고 궁궐 및 관아와 종묘 등에 설치한 삼문三門이 있다. 삼문 중 가운 데 문은 궁궐에선 왕의 출입문으로, 종묘와 재실에선 영혼만이 다 니는 신도神道로 쓰였다.

태극문양을 그려 넣은 관가정의 대문. ⓒ 문화재청

창호지 이중문은 이중유리보다 단열 성능 우수해

문은 출입을 위한 것이고 창은 환기를 위한 것인데 우리 한옥은 딱히 구분하여 사용한 것보다는 혼용한 경우가 더 많다. 한옥의 문 에는 두 종류의 문지방이 설치되어 있다. 일반 민가에서 사용하는 것은 통나무로 만든 문지방인데 부유한 집일수록 큰 나무를 사용 하여 높이가 높고 빈한한 집은 낮았다. 또 하나는 틀을 짜고 판재 를 끼운 머름대 문지방인데 그 높이는 40센티미터 내외이다. 이러 한 머름대는 팔을 편히 걸칠 수 있는 높이로 문에는 설치하지 않고 창에만 설치하였다. 따라서 머름대의 있고 없음에 따라 창과 문을 구분하면 된다. 그러나 문턱이 그다지 높지 않기에 머름대가 있는

무량수전 정면. 앞에서 세 짝은 머름대가 있는 창이고 그 다음 두 짝은 문이다. 문에는 머름대가 없고 댓돌이 놓여있다(왼쪽). 경주 교동 최씨 고택. 열고 닫는 여닫이문이 열려있고, 밀고닫는 미닫이 문에는 불이 켜져 환하다. 노란색 부분은 밖을 보기 위한 쪽유리이다. ⓒ 대한건축사협회, 『민가건축』

창이라 하여도 마루가 있는 경우 문으로 사용되었다.

문은 여닫는 방식에 따라 여닫이와 미닫이로 나눈다. 미닫이는 옆으로 미는 문으로, 벽 속에 문이 들어가게 한 것을 두껍닫이라고 한다. 두껍닫이가 없는 것은 미세기라 하고 두 짝이 엇물리게 닫히는 것은 얼미닫이라고 한다. 방과 방 사이에 칸을 막아 끼우는 문 짝은 장지문이고, 이것이 벽 속에 들어가면 장지두꺼비집이라 한다. 또 문 턱받이가 없어 안팎으로 자유롭게 열 수 있는 문은 자재여닫이문이리고 한다.

문 중 대문이나 고간문은 판재로 만든 판문이지만 방문은 모두 창호지를 발랐다. 창호지는 햇빛이나 달빛 등 모든 빛을 받아들이면서도 시선을 차단하기에 커튼이 필요 없고 숨 쉬는 종이이기에 환기가 필요 없는 장점을 갖고 있어 지천년紙千年의 한지와 함께 세계적으로 잘 알려져 있다.

사대부가에서는 창호지문을 두 짝으로 만들었으며 추운 겨울에 대비하여 밖에는 여닫이문으로, 안에는 미닫이문으로 이중문을 하였다. 이때 방풍을 위한 밖의 문을 빈지문이라고 부른다. 조선 후기에는 이에 흑창黑窓이란 것을 더하여 삼중문을 만들기도 하였다. 흑창이란 양쪽에 종이를 두껍게 댄 미닫이문으로 방풍과 함께 방을 어둡게 하여 낮잠을 잘 수 있도록 한 것이다. 현대의 암막 커튼과 같은 구실을 하였다. 이러한 삼중문이 아니더라도 창호지 이중문은 어쭙잖은 이중유리보다 단열효과가 좋다.

운현궁의 3중문. 안쪽 미닫이문 중 하나는 흑창이어야 하는데 그냥 한쪽만 창호지를 발라 관리하고 있다.

일 년에 한 번은 집이 장고소리를 낸다

일 년에 한 번은 집이
장고 소리를 냈다
뜯어낸 문에
풀비로 쓱싹쓱싹
새 창호지를 바른 날이었다
한 입 가득 머금은 물을
푸-푸- 분무기처럼 골고루 뿌려준 뒤
그늘에 말리면
빳빳하게 당겨지던 창호문
너덜너덜 헤어진 안팎의 경계가
탱탱해져서,
수저 부딪는 소리도
새소리 닭울음소리도 한결 울림이 좋았다

대나무 그림자가 장고채처럼 문에 어리던 날이었다

연백당. ⓒ 최상철건축사

그런 날이면 코 고는 소리에도 정든 가락이 실려 있었다

손택수(1970~, 전남 담양)
『목련전차』, 창비.

손택수 〈집장구〉

상주 오작당. 열어제친 세살덧문 안에 귀갑문이 보인다.

성주 강학당의 안사랑문. 위에는 정(井)자살, 밑에는 청판을 하고 가운데는 만(卍)자살을 8각에 넣은 특이한 문이다.
ⓒ 우종태 건축사

어린 시절, 추석이 다가오면 명절음식과 새 양말 한 켤레라도 신어보는 즐거움과 함께 문 바르기란 싫은 일이 꼭 뒤를 이었다. 문 바르기를 하려면, 먼저 창호지를 깨끗이 문살에서 떼어내야 한다. 이를 완성하려면 우선 창호지를 떼어낸 뒤, 문살을 물로 완전히 불려야만 한다.

뼈대만 앙상한 문짝에, 아제비들이 풀칠한 창호지를 문살에 바른 후 물 한 모금 입에 물고 분무기처럼 "푸아" 하고 뿜어대면 문 바르기는 끝이 난다.

이때 할머니께서 들국화 몇 가지를 꺾어 오시면, 꽃과 이파리를 문잡이 쪽에 예쁘게 놓고 나서 어른 양손만 한 크기의 창호지를 덧바른다. 손잡이 부분이 뚫어지기 쉬우니 이를 막으려면 어차피 창호지를 겹 발라야 하고, 그 사이에 꽃을 넣어 운치를 돋우니 그야말로 도랑 치고 가재 잡는 격이다. 양지바른 토방에 쭉 널어 말린 후 제자리에 달라 치면 그 팽팽하기가 손만 닿아도 쇳소리가 날 정도였다.

안방은 금슬 좋게 아자문, 사랑은 대화 많게 띠살문

문의 종류를 좀 더 살펴보면 전체를 나무로 만든 판장문과 골판

1. 완자(卍字)문.
2. 용자(用字)문.
3.세살(띠살)청판문. 밑에 판재가 없으면 띠살문이라 한다.
4. 아자(亞字)살문.
5. 빗살완자문.
6. 월문(月門).
7. 4분합 맹장지문. 가운데 8각은 불발기 창. 맹장지는 살 양쪽에 종이를 발라 어둡기 때문에 한쪽만 바른 불발기창을 둔다.
8. 빗살문.
9. 정자(井字)살문.

선암사 원통전 꽃살문.

각종 꽃나무를 투조한 용문사 대
웅전 꽃살문.

문이 있고, 창호지를 앞뒤로 바른 맹장지문과 문을 나눈 분합문分閤
門이 있다. 문틀에 살을 넣고 창호지를 바르는 살문의 양식에는 띠
살(세살), 정井자살, 빗살(교살), 소슬빗살, 완자, 아亞자, 만卍자살, 용
用자살, 귀貴자살, 구龜갑살, 꽃살, 소슬꽃살이 있다. 이러한 살 이
름은 살의 짜임새가 글자와 비슷하기 때문에 붙여졌다. 이 중 귀살
문이나 구살문은 "귀하게 되고 싶은 마음과 거북처럼 오래 살고 싶
은 마음이 창호에 투영된 것이다. 문에는 문살이 안 보이게 두꺼운
종이를 바른 장지문과 안팎으로 바른 갑장지문이 있다. 또한 문짝
의 중간 부분만 살창으로 한 연창문도 있다.

우리 선조들은 이러한 문살도 방의 용도에 맞도록 제작하였으
니, 사랑방에는 손님과 대화가 끊이지 않기를 바라는 의미에서 입
口을 의미하는 정자井字살문이나 띠살문을 만들었고, 안방에는 부
부가 떨어지지 말고 금실이 좋으라고 아자亞字문이나 완자문을 달
았다.

궁궐이나 사찰의 주 건물에는 꽃살문을 달고 색칠까지 하여 호
화롭게 장식하였다. 꽃살문이 사찰의 대웅전 등 주전에 많이 있는
것은 부처님께 꽃을 공양하던 전통이 표현된 것이다. 꽃살문들은
사방연속무늬인 것이 대부분이다. 그런데 자세히 살펴보면 연꽃
하나하나의 모습과 표정이 다른 것을 알 수 있다. 수공예품이기에
다를 수밖에 없는 것이 아니라 애초부터 그리 디자인한 것임을 알
수 있다. 지극정성이 아니면 만들 수 없는 것이다. 김혜선은 공예
품과 같은 꽃살문을 만들어가는 장인의 소명을 독실한 불교신자로
먼저 하늘에 간 다정했던 친구에게 편지투로 노래한다.

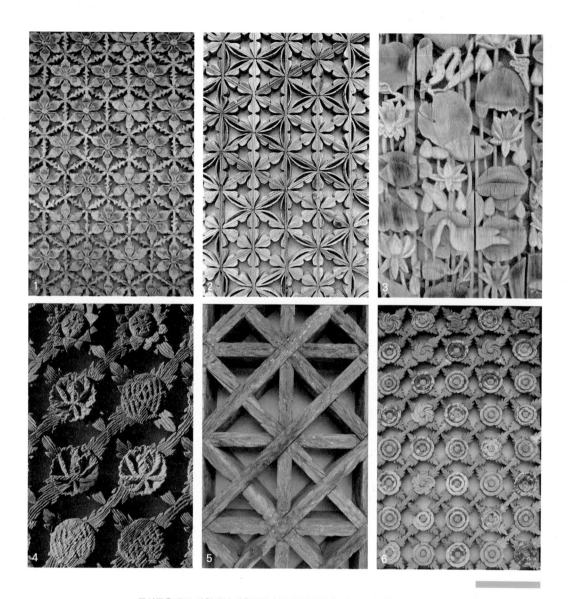

꽃살문은 주로 사찰에서 사용된다. 불교에서 연꽃은 기독교의 백합과 같은 상징성이 있다. 그렇기에 꽃살문의 대부분은 연꽃을 표현한 것이다.
1. 논산 쌍계사의 꽃살문. 2. 경주 기림사 대적광전 꽃살문. 3. 통판에 연꽃과 잎, 물고기와 새 등을 조각하면서 사이 사이를 뚫어 빛이 들게 한 성혈사 통판투조 연지수금 꽃살문. 4. 내소사 대웅전 빗모란연꽃살문.
5. 마곡사 빗살문. 6. 논산 쌍계사 빗살모란문. 쌍계사 대웅전의 꽃살문은 각기 다른 문양으로 유명하다.

내소사 연꽃살문 상세.

김혜선(1965~, 전북 전주)
『달팽이는 제 그림자를 지우지 않
는다』

오늘은 너에게 내소사 전나무 숲의

그윽한 향기에 대하여 얘기를 하려는 것이 아니다

나는 지금 너에게 내소사 솟을 꽃살문에 관한 얘기를 해주고 싶다

한 송이 한 송이마다 금강경 천수경을 새겨 넣으며

풍경소리까지도 고스란히 담아냈을

누군가의 소명을 살그머니 엿보고 싶다

매화 국화 모란 꽃잎에 / 자신의 속마음까지 새겨 넣었을

그 옛날 어느 누구의 곱다란 손길이

극락정토로 가는 문을 저리도 활짝 열어놓고

우리를 맞이하는 것인지

길이 다르고 꿈이 다른 너와 내가 건너고 싶은

저 꽃을 바라보며 / 저 꽃에서 무수히 흘러나오는 불법을 들으며

나는 오늘 너에게 한 송이 꽃을 띄운다

김혜선 〈내소사에서 쓰는 편지〉

갈등하는 부부는 침계루 짝짝이 문 앞에서 회개할 일이다

칼린 지브란은 〈함께 있되 거리를 두라〉는 시에서 "현악기의 줄
들이 하나의 음악을 울릴지라도 / 줄은 서로 혼자이듯이" 결혼생
활은 철저히 상대를 존중하고, 목소리를 경청할 때 가정이 화목해
진다고 가르친다. 기타 줄이 모두 한 줄이 되면 아름답고 풍성한
화음은 나올 수 없지 않은가.

1. 송광사 침계루 고방의 짝짝이 문. 주춧돌에 자리를 양보하여 짝짝이가 되었다. ⓒ김강수 건축사
2. 아름답게 디자인한 송광사 해우소의 정문.
3. 불갑사의 문. 거북이 자물쇠가 채워져 있다.
4. 낙선재 후원의 낭만적인 월문(月門). 둥근 보름달 모양이라 하여 월문이다. 낙선재 실내에는 또 다른 월문이 있다.

문짝의 녹색
사찰과 궁궐 그리고 일부 민가의 문이나 서까래 등에 많이 쓰이는 녹색칠은 이슬람 사원의 신성성을 표시하는 코발트 블루의 강렬함과 달리 부드럽고 온화하다.
외국인들은 한국을 대표하는 문양으로는 태극을, 색으로 이 녹색을 꼽는다.

문은 좌우 문짝이 같다. 상형문자인 한자의 문門이 그렇게 생겼다. 그런데 송광사 침계루의 고방문은 다듬지 않은 주춧돌과 굽은 문지방에 맞추느라 짝짝이 문이 되었다. 같아야 할 문짝이 달라도 다정하고 사이 좋게 문의 책임을 다하는 침계루 고방문을 보면, 서로 다름을 인정하고 살아야만 원만한 부부생활을 영위할 수 있는데도, 자신의 고집을 굽히지 않고 이혼에 이르는 젊은 부부들이 생각난다. 그래, 필자도 넋두리를 해본다.

티격태격 가시버시 못 살겠으면 가정법원 가기 전에 송광사에 가볼일이다. 무지개다리 위 우화루羽化樓와 육감정六鑑亭은 풍류객에게 맡기고, 키 맞춰 도열한 침계루 정면도 곁눈질만 하고, 고간庫間 문지기

노릇하는 측면의 짝짝이 문을 얼른 찾아볼 일이다

굽은 문지방에 맞추느라 둥구스럼 잘라낸 아랫도리 생긴 대로 놓여
진 주춧돌에 맞춰 잘려 나간 모서리들, 생김새 서로 다른 짝짝이 문
이지만 다름을 보듬으며 너 없으면 나도 무용지물이라고, 푸른 옷
같이 입고 굳게 팔짱 끼고 있다

본시 짝이 똑같아야 하는 것이 門(문)이고, 부부는 유별한 법이거늘
날 따르라 쌈박질하는 가시버시들은 침계루 짝짝이 문 앞에서 회개
할 일이다

문에는 문턱이 있다

대문이 집과 밖, 가정과 사회를 연결하는 통로이며 경계 구실을
한다면, "그릇은 속이 비워져야만 유용하고, 방은 창과 문이 있어
야만 쓸모가 있다"는 노자의 말처럼, 방문은 그 방의 용도와 독립
성을 위해 필요한 것이다.

우리 전통문의 특징 중 하나는 분합문이다. 통상 4짝으로 되어
있는 분합문은 대청과 누마루 사이 또는 안방과 웃방 사이에 만들
어져 있는데, 필요에 따라 들어 올려 공간을 넓게 쓸 수 있도록 만
든 개폐식 문이다. 이는 비단 공간의 효용성 외에 집의 안과 밖이
하나 되는 공간을 창출하기도 한다.

이렇듯 변화무상한 한옥의 문에는 문턱이 존재한다. 문이 열려
있어도 이 턱으로 인하여 공간이 구분되는 것이다. 우종태는 그의
시 〈문턱〉에서 "경계는 있어도 벽은 없고 / 벽은 있어도 차별은 없

남산 한옥마을의 청풍부원군댁 안방마루. 안방문은 대청 천장에, 대청 분합문은 툇마루에 모두 들어 올렸다. 이러한 분합문을 이용하면 툇마루와 방까지 모두 터서 넓은 공간을 만들게 되어 종중의 많은 사람들이 회의나 제례를 함께 행할 수 있고, 맞바람으로 시원한 여름을 날 수 있다.

낙선재. 열어놓은 문들이 흰 벽과 같이 보인다.

무첨당 누마루 정면. 판재문 중 한 간이 처마로 들어 올려져 있다.

어 분합문이 열린다 / 문턱은 단절이 아닌 구간의 구분 / 미지의 세계로 가는 길목이다"라고 읊고 있다. 분합문을 달아 올리면 남는 것은 문턱뿐, 방과 마루가 하나가 되고, 집과 자연과 일체가 된다.

'문턱을 낮추다'는 쉽고 편하게 접할 수 있음을, '문턱이 높다'는 들어가거나 상대하기가 어렵다는 뜻이다. '문턱에 다다르다'는 일이 시작되거나 이뤄지려는 시기를 말하고, '문턱을 넘어서다'는 어떤 환경이나 상태에서 벗어남을 의미한다.

문턱에 대한 관용구는 이 외에도 많다. 그만큼 우리의 삶과 연계되어 있다. 한옥은 큰 집일수록 문턱이 높았다. 30센티미터 이상의 높이도 꽤 있다. 이런 문지방을 제대로 넘으면 아기幼에서 아이童가 되는 것이다. 요즈음 집에는 문턱이래야 1~2센티미터 높이가 고작이다. 그마저 로봇청소기가 넘기 어렵다고 없애는 곳이 많다.

문턱이 이럴진대 문은 어떤가? 입학문, 취업문, 승진문 등 우리가 평생을 살아가는 동안 열고 들어가야 할 문은 참으로 많다. 이 문을 통과하기 위하여 젊음을 바치기도 하고 좌절하며 눈물을 흘리기도 한다. 지금도 젊은 백수들은 공시족 등 많은 족속으로 나누어져 취업문을 두드리고 있다. 수십, 수백명이 몰려들어도 한 두사람 밖에 들어갈 수 없는 그 치열한 입문전쟁에 청춘은 피곤하다.

문에는 문짝이 없는 경계와 상징의 문들도 있다. 큰 절의 입구에 서 있는 일주문은 '여기서부터 절의 경계'임을 알려 속세의 번뇌를 내려놓는 무문관이고, 효자, 효부, 열녀, 충신을 위한 정문은 가문뿐만 아니라 동네의 자랑거리이며, 사당과 능 묘 앞의 홍살문은 붉은 주칠을 하여 권위의 상징으로 쓰였다. 또한 수원성곽의 화홍문과 같은 수문이나 수구문도 문짝이 없다.

정원으로 유명한 소쇄원에는 오곡문五曲門이 있는데, 이름만 있고 정작 문은 없다. 외나무로 건너는 개울물이 '다섯 번 휘감아 돈다' 하여 붙인 이름인데 문이 없는 것이다. 개울이 문이어도 좋고, 그 위에 놓인 외나무다리가 문이어도 좋은 것이다. 무위자연無爲自然의 극치이다.

소쇄원은 개울 위에 돌기둥을 쌓고 장대석을 가로지른 후 담을 쌓았다. 그 담에 '五曲門(오곡문)'이 새겨져 있다. 제월당을 향하는 외나무다리에 문 없는 오곡문이 있는 것이다. 물이 다섯 번 휘돌아 흐른다 하여 오곡문이다.

무위자연의 극치, 소쇄원의 문 없는 문

소쇄瀟灑란 양산보의 호이다. 그는 연산군을 몰아내고 등극한 중종이 개혁을 위해 등용한 정암 조광조의 제자이다. 그는 성리학을 바탕으로 이상정치를 구현하기 위해 급진개혁을 주도하지만 훈구

통도사 금강계단 문.

임금의 무병장수를 위한 창덕궁
후원의 불로문도 문 없는 문이다.

세력으로부터 심한 견제를 받게 되고 끝내 중종으로부터 미움까지
사 끝내 사약을 받고 죽게 된다. 그의 제자 소쇄 양산보는 스승인
조광조가 죽음을 당하자 당시 잘나가는 출세길을 마다하고 낙향
한다. 그리고 초개와 같은 절의를 지키고 후배 양성을 위해 자연과
인공을 조화시킨 보금자리를 만드니 그것이 바로 소쇄원이다. 소
쇄란 맑고 깨끗함을 의미한다. 그러니 이런 사람들만 드나드는 곳
에 구태여 문이 필요하랴.

개울물 다섯 번 휘감아 도는 곳
외나무다리 하나 걸쳐 놓고
마음 속 문을
돌담에 새겼다.

선교장의 문들. 집채의 용도를 달
리하는 곳마다 문을 달았다. 〈방랑
시인 김삿갓〉이란 노래에 "열두대
문 문간방"이란 가사가 있다. 부잣
집일수록 집의 규모가 크고 그에
따라 대문도 많다. ⓒ 문화재청

물속의 송사리 떼 거침없이 오가고
삽살개 검둥개 멋대로 드나들어도
안과 밖이 확연히 다른 곳
현자의 집에는 문 아닌 문이 있고
무욕의 세계에는 문 없는 문이 있다

건축가이자 시인인 이상의 문

난해한 시 〈오감도〉와 소설 〈날개〉로 유명한 이상은 시인이기 전에 조선총독부 내무국에 건축기사로 근무한 건축가였다. 그의 시 중에서 띄어쓰기를 하지 않은 가정이란 시를 소개한다. 금전적으로 무능력한 자신을 자탄만 하고 있는 시 속에 안 열리는 문이 존재한다. 띄어쓰기를 하지 않은 것도 그만큼 현실을 타개하기가 어렵기 때문인 것을 나타내기 위함인 것 같다.

정읍 김동수가의 열린 문.
ⓒ 김남중 건축사

문을암만잡아다녀도안열리는것은안에생활生活이모자라는까닭이다.(중략)나는방속에들어서서제웅처럼자꾸만감減해간다.식구食口야봉封한창호窓戶에더하더라도한구석터놓아다고내가수입收入되어들어가야하지않나.(중략)우리집이앓나보다그러고누가힘에겨운도장을찍나보다.수명壽命을헐어서잡히나보다.나는그냥을열려고안열리는문門을열려고.

접이식 널문, 경복궁.

이상 〈가정〉

이상(1910~1937)

현대는 열린사회를 지향한다. 소통이란 단어가 요즈음처럼 화두가 된 적이 없다. 국가기관뿐만 아니라 모든 곳이 열려야 하고 통섭이 이루어져야 미래가 있다고 주장한다.

옛 어른들은 '사랑방에는 손님이 많아 말소리가 끊이지 않아야 하고, 안방 문종이는 아이들 때문에 성한 데가 없어야 번성한 집'이라고 하였다. 사회뿐만 아니라 집도 닫힌 문이 되면 망하게 된다.

세상에 어떤 문도 열리지 않는 문은 없다. 아리바바의 문도 주문을 알면 열리게 되어 있다. 그러나 사람 속에 있는 마음의 문을 열기란 참으로 어려운 것이다.

세상에서 가장 열기 어려운 문

문고리와 판문에 가장 흔한 국화정. ⓒ 명재고택 사진첩

이근풍(전북 임실)
『아침에 창을 열면』, 오늘의문학사.

세상에서 / 가장 열기 어려운
문이 / 마음이라네.

굳게 잠겨 있는 / 문
좀처럼 / 열리지 않는다네.

열릴 듯하다가 / 다시
잠기는 / 문

이근풍 〈마음의 문〉

마음의 문은 증오와 미움과 질투 때문에 열기가 어렵다. 양보해야 되고, 져야 되고, 손해 봐야 되고, 바보처럼 되어야 마음의 문은 열리는 것이다. 오직 용서란 열쇠만이 열 수 있는 마음의 문, 그러나 열고 나면 그리도 시원한 문, 스스로의 족쇄를 푸는 것이 마음 문을 여는 것이다. 이제 즐겁고 신나는 사랑의 문으로 들어가 보자.

안동 후조당. 맹장지 통문을 들어 올려 방과 대청이 하나가 된 모습(왼쪽)과 닫은 상태에서 눈꼽재기 창만 열어놓은 모습. ⓒ 관광공사

바다가, 어떻게 그 작은 문으로 들어 왔는지

문을 밀고 성큼 바다가 들어섭니다
바다에게 붙잡혀 / 문에 꽁꽁 묶였습니다
목선 한 척 수평선을 끊어 먹고 사라질 때 까지
서해가 붉은 덩어리 하나를 삼킬 때 까지
조용히 쪽문에 묶여 / 생각합니다
아득한 바다가, 어떻게
그 작은 문으로 들어왔는지

마경덕(1954~, 전남 여수)
『신발論 』, 문학의 전당.

그대가, 어떻게
나를 열고 들어왔는지

마경덕 〈문〉

연꽃이 만개한 강릉 선교장의 활
래정. ⓒ 하늘이 아부지

멧새같이 작은 내 가슴 속으로 어찌 당신 같이 큰 바다가 들어왔
는지, 시인은 사랑에 감격하고 있다. 시인들에게 사랑의 주제는 창
가에 많은데 문에도 이렇게 환희하는 사랑이 녹아 있다.

'사랑과 문' 하면 떠오르는 이야기가 있다. "신혼 첫날 밤, 화장실
에 다녀오던 신랑은 신방 창문에 비친 댓잎 그림자를 연적이 품은
칼로 오인하여 그대로 도망한다. 그가 수십 년 뒤 그곳에 들렀을
때, 첫날밤 그대로 앉아있는 신부를 발견하고, 그녀에게 손을 대는
순간, 신부는 재로 변하였다. 신랑은 자신의 잘못을 깨닫고 사당

을 지어 이를 기렸다"는 내용인데 이는 조지훈의 고향인 영양 지방에 내려오는 전설로, 이를 그가 석문石門이란 시로 만들은 것이다. 이와 유사한 서정주의 시도 있다. 〈석문〉이란 제목은 '아이를 낳지 못하는 여자'를 석녀石女로 일컫는 데서 연유한 듯하다. 그리고 보니 창덕궁 비원에는 불로문不老門이란 단아한 돌문이 있다. 왕들의 무병장수를 기원하는 문짝이 없는 돌문이다.

경복궁 경회루 내부. 내고주와 고주에 각기 4분합문을 달아 공간을 3등분하였다. 분합문을 올리면 하나의 평면이 된다.

문의 방위도 문고리 하나도 허투루 만드는 법 없어

문 중에서 중층문은 궁궐과 성곽 그리고 사찰에서 많이 쓰였으며, 궁궐과 성문은 홍예문을 만들고 문루를 세웠다. 사찰은 양 옆으로 사천왕상을 두거나, 문 위를 종루나 고루로 쓰는 경우가 대부

왕비 처소에는 맹장지문에 그림을 그려 넣었다. 열렸을 때(위)와 닫혔을 때. ⓒ 문화재청

분이다. 임원경제지에는 주실에 따라 대문의 동서남북 위치를 달리했는데 이는 길흉화복에 근거한 것이라고 하였다.

문에는 문고리와 빗장 또는 자물쇠가 있다. 문고리 바탕에는 귀면이나 국화문 등이 있고, 자물쇠는 용과 물고기 또는 거북이 모양을 하고 있다. 이는 무병장수와 부귀만복의 기원이 역병의 퇴치와 함께 담겨 있다. 대문의 문고리 바탕에 넓게 붙어있는 배목판은 만卍자 등 글자판과 잡귀를 쫓기 위한 귀면이 많았다. 배목판은 문고리로 이를 두드림으로 손님이 온 것을 알리는 데 쓰였다.

손님이 오신다기에 문 열고 보니

ⓒ 김영식 건축사

이달(1539~1612)
최경창, 백광훈과 함께 삼당시인(三唐詩人)으로 불렸다. 〈홍길동전〉을 지은 허균의 스승이다.

동안거를 하는 동안 스님들은 방 안에만 있으니 겨울이 다하고 봄이 온지도 모른다. 조선시대 3대 시인으로 추앙받는 이달이 불일암 인운스님에게 보낸 시에는 불도에 정진하는 스님과 절집의 풍광이 그대로 녹아있다.

절집은 흰 구름 속에 있건만　寺在白雲中

흰 구름, 스님은 쓸지를 않네　白雲僧不掃

손님이 오신다기 문 열고 보니　客來門始開

온 골짝 송화 꽃 하마 쇠었네　萬壑松花老

이달 〈불일암 인운 스님에게〉

동안거를 하는지, 득도일념으로 봄이 다한 줄도 모르고 문을 닫아 건 산속 암자. 손님 맞기 위해 문 열고 본 풍경이 눈에 잡힐 듯하다. "지금은 그리움의 덧문을 닫을 시간 / 눈을 감고 / 내 안에 앉아 / 빈자리에 그 반짝이는 물 출렁이는 걸 / 바라봐야 할 시간"* 이다.

＊류시화, 〈지금은 그리움의 덧문을 닫을 시간〉 중에서.

대문의 잠금장치들 1. 거북 형상을 한 대문 빗장. 2. 치우 천황상의 배목판. 3. 매의 부리 모양을 한 안빗장. 4. 국화문 방문고리. 5. 자물쇠를 잠근 문. 6. 배목판이 달린 대문 외부. 문고리로 둥근 철판인 배목판을 두드리면 손님이 온 것이다. 7. 낙선재 판문의 장식과 국화문고리.

창덕궁 낙선재의 월문. 대청에서 방 쪽을 본 모습.

창

남으로 창을 내겠소. / 밭이 한참갈이

팽이로 파고 / 호미론 풀을 매지요.

구름이 꼬인다 갈 리 있소.
새 노래는 공으로 들으랴오.

강냉이가 익걸랑
함께와 자셔도 좋소.
왜 사냐 건 / 웃지요.

김상용 〈남으로 창을 내겠소〉

양동 상춘헌의 창.

김상용(1902~1951),
『망향』.

남으로 창을 내겠소, 왜 사냐 건 웃지요

길고도 긴 도연명의 귀거래사歸去來辭가 아무리 유명하고 좋다 해
도 필자는 〈남으로 창을 내겠소〉란 위의 시를 한결 더 사랑한다.
시인이 "남으로 창을 내겠다"는 뜻은 남향의 햇살을 받아 밝고, 따
사롭고 훈훈하게 전원생활을 하겠다는 뜻이리라. 남쪽에 창이 있
으면 태양열에 의해 겨울철 실내온도가 약 3도 정도 올라간다. 이
를 건축용어로 일사열 취득日射熱 取得, solar heat gain이라 한다.

미닫이창에 가득히 밀려드는 한나절 햇볕
무엇을 잊은 듯 서운하야 눈을 감아본다
한 겹 눈꺼풀 속에도 햇볕은 스미어들어
장미 빛 바늘같이 눈 속을 폭폭 찔러

창호지를 바른 문과 창은 유리의
공업화 이전까지 세계에서 가장
밝은 창문이었다.
영창에 햇살이 그득하다. 오른쪽
은 완자살창문, 왼쪽은 세살문이
다. 창호지가 찢어지기 쉬운 아랫
부분에 널판을 대었다. 이런 것을
완자살청판문, 세살청판문이라고
도 한다. 전주한옥마을. ⓒ 연백당

나는 그만 슬픈 귀또리 새끼처럼 그늘로 숨고 싶다

김달진 〈햇빛〉

김달진(1907~1989, 경남 창원)
『씬냉이꽃 (외)』, 종합출판범우.

서까래와 기왓장의 그림자가 드리운 방 안에서의 세살창호지문. ⓒ 맹재고택

어린 날 햇살 가득한 미닫이창문이 있는 방 안에서 눈을 감고 있으면 밝은 햇빛 때문일까? 감은 눈 속에서 붉고 푸른 색깔들이 춤추는 경험이 있다. 직접 쪼이는 햇볕이 아니어도 얼마나 밝기에 감은 눈 속에서도 햇볕이 장미 빛 바늘같이 눈 속을 폭폭 찌를까.

19세기 이전, 가장 밝았던 한옥의 창

창호지를 바른 한옥의 창문은 공장의 판유리 생산이 본격화된 19세기 이전에는 세계에서 가장 밝은 집이었다. 유럽도 나무판자 같은 것으로 문과 창문을 만들었기에, 닫으면 곧바로 암흑이었다. 그래서 실내에 불을 밝혔다. 겨울에는 벽난로로 난방을 했으니 그 을음과 공기의 질도 나빴다. 하지만 한옥은 온돌과 함께 숨 쉬는 창호지 덕분에 채광은 물론 통풍과 환기, 습도의 조절 등에서도 나무창과는 비교가 안 되었다. 또 한옥에서는 방에 들어가 앉아 있으면 햇빛의 은은함을 즐길 수 있다. 그냥 맨 유리로 들어오는 빛과 다른 간접조명 효과를 느낄 수 있다. 부드러우면서도 편한 밝기를 만들어준다.

강릉 선교장의 문과 창문. 열린 아(亞)자살문 뒤로 같은 아자살문의 창이 보인다. ⓒ 대한건축사협회, 『민가건축』

물론 이러한 종이창은 한중일 동양 삼국이 공유한 것이지만 한국의 창호지는 그중에서도 으뜸이었다. "지천년紙千年 견백년絹百年"

각종 창과 문이 있는 예천 권씨 종가 별당. 대지의 단차를 이용하여 2층을 만들었다. ⓒ 대한건축사협회, 『민가건축』

이란 말이 있다. 비단보다 닥나무로 만든 우리의 종이가 10배나 더 오래간다는 말이다. 조선시대 때 창호지는 기름을 발라 유리 대신 온실을 만드는 데도 쓰였으며, 지금은 종이옷도 만들고 있다

> 묏버들 가려 꺾어 보내노라, 님의 손대
> 자시는 창 밖에 심어 두고 보소서
> 밤비에 새잎 나거든 날인가도 여기소서

홍랑 〈묏 버들 가려 꺾어〉

* 홍랑
조선시대 기생. 1573년(선조 6) 삼당시인(三唐詩人) 고죽(孤竹) 최경창(崔慶昌)과 열애하고, 그를 그리워하며 지은 시조이다.

버드나무는 가지를 꺾어 심으면 그대로 자라는 특성이 있다. 조선 선조 때의 기생 홍랑*은 낭만적인 당나라 시풍으로 유명한 삼

당시인三唐詩人 고죽孤竹 최경창崔慶昌의 애인이었다. 그가 북평사란 벼슬에서 물러나자 그곳에 같이 있던 그녀는 이별자리에서 묏버들을 꺾어준다. 묏버들을 자기화하는 홍랑의 연정이, 햇빛은 받아들이고 바람은 막는 창호지의 실루엣처럼 아련하다.

홍랑과 같은 시대를 살아온 송강松江 정철도 "마음이 달되어 영창에 비치셨다니 / 화초 병풍 위에 서러운 이 눈물"을 쏟고 있다. 이러한 감성은 400년 뒤 국민시인 소월에게 이어진다.

© 박무귀 건축사

왜 아니 오시나요.

영창에는 달빛, 매화꽃이

그림자는 산란히 휘젖는데,

아이, 눈 꽉 감고 요대로 잠을 들자

(후략)

김소월 〈애모〉 중에서

김소월
『진달래꽃』

아이, 눈 꽉 감고 요대로 잠을 들자

창의 건축적 주기능은 환기와 채광이며 밖을 볼 수 있는 것은 부수적인 기능이다. 그럼에도 시인들은 그리움에 비중을 둔다. 이는 동서고금을 막론하고 일치하는 인간의 감성인 것 같다.

한옥의 창호지 창은 밖을 직접 볼 수 없는 단점이 있다. 그러나 안이든 밖이든 그림자를 만들어낸다. 바람에 움직이는 매화꽃 그

＊정비석(1911~1991, 평북 의
주). 「성황당」, 「자유부인」, 「명기
열전」 등의 작품을 남겼다.

립자가 '혹 임이 아닐까' 마음이 산란해진다. 정비석＊의 명수필
〈산정무한〉의 한 대목을 보자.

> 달빛에 젖으며 뜰을 어정어정 거닐다 보니, 여관집 아가씨가 등잔
> 아래 외로이 앉아서 책을 읽고 있다. 무슨 책일까? 밤 깊는 줄조차
> 모르고 골똘히 읽는 품이 춘향이 태형 맞으며 백으로 아뢰는 대목일
> 것 같기도 하고, 누명 쓴 장화가 자결을 각오하고 하늘에 고축하는
> 대목일 것 같기도 하고, 시베리아로 정배 가는 카츄샤의 뒤를 네프
> 백작이 쫓아가는 대목일 것 같기도 하고… 궁금한 판에 제 멋대로 상
> 상해보는 동안에 산속의 밤은 처량히 깊어갔다.

그러나 이제 창호지 바른 창문에 비치는 실루엣의 낭만은 찾을
길이 없게 되었다. 요즈음 젊은이들은 "무슨 얘기야. 그리도 보고
싶으면 영상전화하든지. 문자라도 보내지"라고 말할지 모른다. 참
편한 세상이지만 그만큼 잃은 것도 많다. 한 달만 아니 1주일만 휴
대폰 없이 살아본다면 무엇을 잃었는지 스스로 느낄 것이다.

"고드름 고드름 수정 고드름 / 고드름 따다가 발을 놓아서 / 각
시방 영창에 달아놓아요."＊＊ 초등학교 시절 부르던 〈고드름〉은, 고
드름 따다가 칼싸움하던, 동심의 세계로 우리를 인도한다. 노랫말
속의 '영창'이 소월의 시에도 나왔다. 무심히 불렀던 영창은 무엇
인가?

영창의 사전적 정의는 "방 안을 밝게 하기 위해 마루 쪽으로 낸
두 짝의 미닫이"이다. 서기원의 소설 〈암사지도〉에는 "남향인 안방
영창엔 밝은 햇빛이 보송보송 핀 햇솜처럼 보드랍게 머무르고 있었

＊＊유지영(1896~1947)
아동문학가, 언론인.

1. 창녕 하씨 댁 부엌. 광창의 원초적 모습이다. 2. 까치구멍집의 구멍으로 들어오는 빛. 3. 선병 국가의 부엌. 널판에 사각 구멍을 뚫어 빛과 통풍을 위한 광창을 만들었다. 출입문 위에도 붙박이 광창이 있다. 4. 송광사 침계루 밑 고방의 기왓장을 이용한 X자형 봉창. 5. 청도 운강 고택의 부엌. 부엌문은 널문이고 우측은 부엌을 밝게 하기 위한 광창이다. 널문 위는 다락에 빛을 들이기 위한 불발기창으로 창호지를 발랐다. 6. 하회 북촌댁 부엌 광창과 향단 찬간의 광창.

전돌로 만든 수(壽)자 위 창(4짝)
과 문(3짝). 석파정.

다"고 표현하고 있다. 미닫이는 문인데 창이된 것
이다. 이렇듯 한옥에서는 창과 문이 혼용되었다. 일
반적으로 방에는 앞뒷문이 있었고 이 문들이 출입
과 환기를 위한 용도로 함께 쓰이고 있다.

봉창과 벼락닫이창, 문 속의 눈꼽재기창

한옥에도 창의 역할만 하는 고유의 창이 있다.
여닫을 수 없는 것이 봉창封窓이다. 봉창은 주로 부
엌의 상부에 구멍을 뚫고 새들이 드나들지 못하도
록 살대를 엮어 놓았다. 채광과 통풍, 특히 부엌의 연기를 빠지게
하는 구실을 하였다. 그러나 가난한 집들은 채광을 위해 방에도
봉창을 만들었는데, 이때에는 창호지를 발랐다. 뜻밖의 행동을 할
때 우리는 "자다가 봉창 두드린다"고 한다. 일반 문들은 나무로 되
어 있어 두드릴 수 있으나 봉창은 창호지만 있으니 두드리면 찢어
질 수밖에 없는 구조이다. 얼토당토않은 행동을 할 때 쓰이는 속
담이다.

들창은 '들어 올리는 창'이다. 대체로 외부에 담이 없는 방, 즉 행
랑채의 전면부 또는 울타리 없는 작은 집의 바깥 쪽에 만들어졌다.
이는 타인의 시선을 차단하기 위한 것이다. 들어 올린 다음 막대기
로 지지하는데, 닫힐 때 소리가 커서 '벼락닫이창'이라고도 한다.

또 분합문 위에 가로로 길게 짜서 끼우는 빛받이 창도 있는데, 창
살을 45도 각도로 짠 교창交窓이 많다. 대부분은 붙박이지만 환기

정온 선생 댁 사랑채 영창.

를 위해 열리게도 한다.

눈곱재기창이란 것도 있다. 이는 크게 두 가지로 나눌 수 있다. 첫째는 출입문 옆에 환기와 통풍을 위하여 작은 창문을 만드는 것이다. 사진에서 보듯이 도산서원의 학생들이 기숙하였던 농운정사는 출입문 양쪽 또는 한쪽에 눈곱재기창을 두었다. 그 비례와 구성이 매우 아름다워 현대 회화를 보는 느낌이다. 또 한 가지는 큰 문 속에 작은 눈곱재기창을 설치한 것이다. 문 속의 창인 셈인데 그 발상이 대단하다. 여름철에는 기둥과 기둥 사이의 한판문을 들어 올려 밖의 툇마루나 대청과 한공간이 되게 하고, 그 외 계절은 눈곱재기창을 통하여 환기와 채광을 겸하였다. 사진에 있는 구미의 채미정이 고려 삼은 중 한분인 야은 길재 선생을 추모하기 위한 공간으로 문 속의 눈곱재기창을 만들었다. 이는 기둥과 기둥 사이의

1. 정(井)자살문으로 맹장지문을 만들고 가운데 띠살문으로 채광과 환기를 위한 창문을 만들었다. 채미정의 1970년대 모습. 지금은 녹색칠을 입혔다.
2. 맹씨향단의 눈곱재기창.
ⓒ 대한건축사협회, 『민가건축』

한 면이 모두 문으로 되어 있기 때문에 별도의 창을 둘 공간이 없기 때문에 만들어진 것으로 보아야 한다.

창 중에는 살창이란 것도 있다. 살창은 창에 세로로 살을 세워 통풍과 채광을 함께 하기 위한 고정창인데, 그 외에도 판재에 태극 형태, 글자를 판 것, 사람 형태 등을 한 것 등 다양하게 만들어 설치하였다. 이러한 살창은 부엌의 윗부분이나 다락, 창고 등에 쓰였다. 특기해야 할 것은 해인사 장경각의 살창이다.

세계문화유산인 팔만대장경을 보관하고 있는 장경판전은 그 자체가 국보 52호이다. 이 건물의 상하 창문은 전후면 크기가 반대로 되어 있다. 통풍의 비밀이 이 살창과 그 크기에 숨어 있어 단 한 점의 경판도 썩지 아니하고 고려시대부터 지금까지 지켜오고 있는 것이다. 장경판각이 목조로 되어 있어 화재에 취약하기에 콘크리트 건물로 다시 지으려 했으나 습도 조절이 불가해 포기한 적이 있다.

유리의 역사와 유리창

지금 우리는 유리의 시대에 살고 있다. 유리는 창을 떠나 벽이 되기도 한다. 근대건축, 쉽게 말하여 도시에 산재한 고층빌딩을 만들기 위한 재료의 3요소가 있다. 철과 시멘트와 유리이다. 이들 세 가지를 대량 생산하게 된 것은 산업혁명 이후이며 대중화된 것은 19세기에 이르러서이다. 지금 살고 있는 아파트도 이 세 가지 요소가 없으면 만들어질 수 없다.

해인사 장경각 살창. 전후면 창의 크기가 반대인데, 이것이 대장경판을 보존하는 통풍과 습도조절의 비밀이다.

B.C. 1700년경 메소포타미아와 이집트에서 만들어지기 시작한 유리는 이후 유리불기법이 로마시대 시작되어 오늘날까지 이어지고 있다. 로마의 유리 제품을 총칭하는 로만글라스Roman Glass는 폼페이 광장에 있는 목욕탕의 천장에 두 개의 작은 판유리를 청동 창살에 끼운 것이 확인되고 있다. 4세기경 로마시인 L.C 라크 단테우스는 "우리는 창유리를 통해 보고자 하네, 눈으로 물건을 식별할 수 있다네"라고 읊고 있어, 고위층 저택에는 작지만 투명유리창이 존재했음을 알게 한다. 이후 기독교의 공인은 교회건축을 활발하게 하였으며 스테인드글라스가 예수의 일생을 표현하는 교회 창에 더해졌다.

한국에 유리가 수입된 것은 한 세기가 넘지만 관공서와 상업건물이 아닌 민가에 널리 보급된 것은 1957년 한국유리의 판유리 공장이 가동된 이후인 1960년대로 보아야 한다. 그 이전에 유리는 참으로 귀물이었다. 그렇기에 문 간살에 맞춰 손바닥만 한 유리를 구하여 창호에 달아 놓고 밖을 볼 수 있게 하였다. 창호지 창문으로는 열지 않고는 밖을 볼 수 없는 단점을 상쇄한 것이다.

창은 '공간을 막고 무한과 통한다'

창은 외경外景을 네모진 액틀에 끼워
방 안의 답답한 하루를 위무한다
밖으로 열리는 눈을 즐겁게 하고
답답한 사람의 내부를 즐겁게 한다
어두운 속을 밝히고, 저 멀리
멀리에 마음을 실어가는 그리움을 만든다.
그리움으로 열리는 강에 다리를 놓고
사람과 사람의 가슴에
다리를 건넨다

박남수(1918~1994)
『어딘지 모르는 숲의 기억』,
미래사.

박남수 〈창〉

　　미국 이민 생활의 외로움을 유리창을 통해 위로 받고 있는 박남수의 "창은 외경外景을 네모진 액틀에 끼워"란 표현은 건축의 창을 시적으로 아름답고 정확하게 표현한 것이다. 바다 건너 고국으로 마음을 실어 가는 통로, 그리움을 만드는 시작점에 투명한 유리창이 있다. 시인은 명륜동 자택에서 〈새〉 시리즈를 연작할 적에도 모시적삼차림에 누워 작은 마당을 응시했다. 친구의 아버지였기에 그런 모습을 뵙곤 했었다. 부인까지 잃고 노쇠한 모습으로 창가에서 고국을 그리던 그의 모습이 시를 통해 다가온다. 이제는 하늘에서 마음대로 고국을 오갈 것이다.

새벽에 창을 열면

새벽의 창은 하루의 시작이고 희망이다. 그래서 건축가들은 동쪽 창이 있는 방을 부부의 침실로 권한다. 가장과 주부로서 일찍 일어나려면 창문을 밝히는 햇살을 먼저 맞아야 하기 때문이다. 시인은 햇살은 "힘 있게 일어서는 생명의 빛"이기에 오늘도 "도전과 극복"으로 "미래를 향해 크게 날자"고 주문한다. 3포세대라는 자조어가 난무하는 요즈음의 젊은이들에게 희망의 메시지가 되지 않을까.

어둑새벽 창을 열다
쏘는 듯 신선한 바람
부드러운 햇살
깨끗한 눈뜨임에 감사하며
오늘도 하루가 시작 된다

고요함 속으로 걸어오는
발자국 소리
존재하지 않는 소리가
태어나고
힘 있게 일어서는 생명의 빛

길 없는 길 열어 가는
새 떼처럼
나도 이 아침 날개를 펴다

청원 이항희 가옥, 한옥 툇마루에 유리창을 달았다. 산업화로 유리 공급이 늘어나면서 생기는 현상이다. ⓒ 삼풍건축, 안정환

석파정 행랑채의 창문. 사대부의
종가집은 대체로 이러한 형태를
가지고 있다.

도전과 극복이다

큰 세계가 있다

미래의 만남을 향하여

날자 크게 크게 날자

김후란(1943~, 서울)
『새벽, 창을 열다』, 시학.

김후란 〈새벽, 창을 열다〉

하얀 창호지 남창가에 머무는 동백꽃 소식

창에 대한 동서양의 공통점 중 하나는 사랑이다. 그러나 구애의
방법은 다르다. 서양에서는 연인의 창가에서 직접 구애의 세레나
데를 부르는데 우리네는 은유적이다. 한순간의 세레나데가 아니고
24시간, 하루 종일 말없이 함께하는 은근과 끈기가 있다.

낮이면

구름이 되어

너의 창 앞에 떠돌다가

밤이 되면

비가 되어

네 잠든 꿈 언덕에

소리 없이 내리리라

열어 놓은 판문 사이로 보이는 안
마당 조경. 경주 요석궁.
ⓒ 하늘이 아부자

황금찬 〈사랑의 에스프리〉

황금찬(1918~, 강원 속초)

누군가 그리운 날엔 맑고 투명한 햇살에 그리움 말린다

한때, 서양에선 굴뚝세와 더불어 창문의 숫자에 비례한 창문세
도 거두었다지만, 지금 미국에서는 극악한 범죄자만 수감하는 창
없는 교도소를 새로 만들었다고 한다. 이곳의 죄수들은 평생 면회
금지와 함께 하루 24시간을 창 없는 독방에 수감시킨다는 것이다.
빛을 볼 수 없는 폐쇄된 공간이 가장 고통스럽다는 것을 단적으로
보여주는 한 예이다.

빛을 볼 수 있는 것은 창틀 안의 투명한 유리 덕분이다. 창에 대
한 수많은 시와 달리 주제가 창이 아닌 투명한 유리에 초점을 맞춘
시를 보자.

누군가 그리운 날은

창을 닦는다

창에는 하늘 아래
가장 눈부신 유리가 끼워 있어

천도의 불로 꿈을 태우고
만도의 뜨거움으로 영혼을 살라 만든
유리가 끼워 있어

솔바람보다도 창창하고
종소리보다도 은은한
노래가 떠오른다

온몸으로 받아들이되
자신은 그림자조차 드러내지 않는
오래도록 못 잊을
사랑 하나 살고 있다.

누군가 그리운 날은 / 창을 닦아서

맑고 투명한 햇살에 / 그리움 말린다.

문정희(1947~, 보성)
『별이 뜨면 슬픔도 향기롭다』, 미
학사.

문정희 〈유리창을 닦으며〉

육첩방은 남의 나라, 창밖에 밤비가 속살거리는데

　뜨거운 열기를 이겨내야 성형된 유리가 된다. 그런 고통이 있기에 유리는 "그림자조차 드러내지 않는" 겸손이 생긴 것이다. 시인도 그런 유리를 닦는 행위를 통해 그리움을 더 맑고 청정하게 승화시킨다. 투명성 때문에 창은 많은 것을 동반하여 시어를 만들어낸다.

　"(전략) 육첩방은 남의 나라 / 창밖에 밤비가 속살거리는데, // 등불을 밝혀 어둠을 조금 내몰고 / 시대처럼 올 아침을 기다리는 최후의 나(후략)"*는 광복의 그날을 비밀스럽게 기다리는 윤동주의 시이다. 침략국 일본의 다다미방에서 창밖의 밤비는 동지처럼 힘을 실어주고 있다. 이에 비해 〈빗방울 하나가〉란 아래의 시는 현대인의 외로운 심성을 녹여내고 있다.

*윤동주(1917~1945)
〈쉽게 쓰여진 시〉, 『하늘과 바람과 별과 시』.

　　무엇인가가 창문을 똑똑 두드린다.
　　놀라서 소리 나는 쪽을 바라본다
　　빗방울 하나가 서 있다가 쪼르르륵 떨어져 내린다

　　우리는 언제나 두드리고 싶은 것이 있다.
　　그것이 창이든, 어둠이든
　　또는 별이든

강은교(1945~)
『등불 하나 걸어오네』, 문학동네.

　강은교 〈빗방울 하나가〉

창문과 비 그리고 눈이 만드는 시어들

문과 창으로 이루어진 창덕궁 희
정당.

사람을 고문하는 방법은 크게 두 가지가 있다. 하나는 견디기 어려운 육체적 고통을 주는 것이고 다른 하나는 정신적 고통인데, 밀폐된 방에 불을 대낮같이 환하게 켜놓고 혼자 놔두는 것이라고 한다. 남들에겐 소음일 수 있는 것이 나에게는 '살아 있고, 이웃이 있다는 것'을 깨닫게 하는 것이 되기도 한다. 강은교 시인은 창에 부딪히는 빗방울 소리에서 "언제나 두드리고 싶은 것이 있다"는 고독을 시의 주제로 삼고 있다.

이처럼 비는 사랑과도 밀접하다. 1950년대 헐리우드의 뮤지컬 영화 〈사랑은 비를 타고〉에서 진 켈리는 비를 맞으면서도 행복에 겨운 춤을 추며 "Singin' in the Rain"을 부른다. 미국 영화평론가

1. 열 수 있는 광창이 문 위에 설치된 운현궁.
2. 부엌의 광창.
3. 부엌의 세로살창이 문 옆에 있다. 오른쪽은 창이 아닌 안방으로 통하는 문이다. 밥상을 부엌에서 직접 안방으로 들이기 위한 작은 문이다.
4. 빗살문 붙박이 광창이 오른쪽 문 위에 있다. 방과 구획된 맹장지 문이 왼쪽에 있다.

인 로저 에버트가 "〈사랑은 비를 타고〉를 관람하는 것은 시공을 초월한 경험"이라고 평한 것처럼, 이 영화는 아직도 노년층의 가슴을 설레게 한다.

　주제인 창으로 돌아가자. 창에는 비와 함께 눈이 있다. 그리움이 본질적으로 스며있는 창가에 눈이 내리는 날, 연인들은 어떤 모습일까?

　　눈 내리는 날은 그대여
　　창가에 기대어
　　말없이 내리는 눈을 바라보자
　　(중략)
　　우리의 가슴에 지붕을 만들고

그 위에 하얗게 쌓이는 눈을 바라보자

내리는 눈으로 함께 젖으며

오솔길을 따라가는 젊은 연인들

손잡고 흐르는 저 따스한 강물

함께 젖는 꿈꾸는 산과 들을

그냥 말없이 바라보자

한손에 찻잔 들고

창가에 기대어

우리가 꿈꾸는 풍경이 되어

고영조(1946~, 경남 창원)
『고요한 숲』, 고려원.

고영조 〈눈〉

푸른 얼음들 속에 울창하게 퍼져있는 또 다른 원시림

눈은 비보다 포근하다. 외로움보다는 설렘이다. 본질적으로 물인 눈과 비는 이토록 다른 느낌을 준다. 위의 두 시는 비와 눈이 내리는 창밖의 풍경이다. 이제 창 자체에 성에가 만든 원시림 속으로 들어가보자. 성에는 영하의 기온에서 수증기가 얼어붙어 생긴 서릿발을 말한다. 나무나 볏짚 등 어느 곳이나 생기지만 유리창에 생기는 성에는 성에꽃이라 불렀다. 지금은 단열이 잘 되어서 쉽게 볼수 없지만 예전에는 한겨울 방 안팎의 기온 차에 의해 많이 볼 수 있었던 것이 성에꽃이다. 햇살이 들거나 온기가 차면 한 순간에 사라지면서 본연의 투명한 모습으로 되돌아오는 유리창. 짧은 순간을 살기에 더 애틋한 슬픔의 꽃송이가 성에꽃이다.

겨울 아침 유리창에 가득 반짝이는
성에를 본다. 유리창에 만발한 하얀 식물,
꽃과 잎과 줄기를 본다.
무엇일까, 막힘없는 물방울들을
섬세한 꽃과 잎의 무늬 안에 가두어 놓은 힘은

결빙의 힘 속에 / 식물의 본능이 숨어 있었던 것일까.
땅 속에서 물을 퍼올려
잎을 피우고 꽃을 터뜨리는 생명의 비밀이
얼음 속에도 있었던 것일까.

모든 흐트러짐과 자유로움을 / 정교하고 엄격한 계율로 만드는
서슬 푸른 법法과 도道의 세계가 / 결빙의 과정 속에 있었던 것일까

이 화려한 무늬를 들여다보면
막 얼기 시작한 물이
결빙의 칼날과 환희를 견디다가
절정의 순간 얼음의 결정체마다 살라 놓은
투명한 불의 흔적이 보인다

겨울 아침 하얀 성애를 보며
문득 지상의 모든 얼음을 떠올린다

푸른 얼음 속에 울창하게 퍼져있는

또 다른 원시림을 본다

청정한 법과 도가

열대의 온갖 동식물처럼 뿌리내리고 자라 넘실거리는

뛰고 날고 헤엄치며 노는

투명하고 차가운 밀림을 본다.

김기택(1957~, 경기 안양)
『사무원』, 창비.　　　　　　　　김기택 〈얼음 속의 밀림〉

　　1970년대까지만 해도 시골집엔 유리창이 없었다. 영하로 내려
간 겨울 아침 일찍 등교하면 응달인 복도 유리창엔 성에가 무성하
였다. 직선으로 길게 혹은 짧게 뻗어난 얼음 꽃은 비슷하면서도 같
은 것이 없었다. 닦아도 닦이지 않는 단단함 속에 입김을 불어야만
지워지는 백색의 향연, 이를 보고 황홀경에 들었던 기억들이 새롭
다. 그러나 지금은 에너지 절약을 위하여 집에도 이중유리를 사용
하기 때문에 기온 차에 의해서 생기는 성에를 보기가 어렵다.

　　최근 새벽 버스의 유리창에서 성에꽃을 보았다. 얻는 것이 있으
면 잃는 것도 있음을 성에를 통하여 새삼 느낀다. 성에가 사라진
유리창에 호오호오 입김을 불어 친구의 별명과 놀리는 그림을 그
렸던 어린 시절도 있었다. 유리창은 지금도 가끔 이렇게 칠판 노릇
을 한다.

　　최갑수 시인은 〈창가의 버드나무〉란 시를 통해, 내리는 눈 때문
에 손님이 끊어진 술집에서 무료해진 술집마담이 혼자 화투패를
돌리면서 젊은 날의 화려했던 시절을 회상하며 눈물 흘리는 장면

독락당 창문을 통하여 계정 아래 냇물을 감상한다. 이를 위하여 담에 설치한 살창.(오른쪽) ⓒ박해진, 노현균, 대한건축사협회, 『민가건축』

을 그리고 있다.

선창가는 만선을 이루는 고깃배가 들어오면 객주의 여인들도 한 몫을 챙겼다. 작은 농촌마을에도 가을걷이가 끝나면 추수한 볏섬을 노리고 작은 가게들마저 색시를 들여놓았다. 그들이 어떻게 이런 삶을 살게 되었을까? 전쟁이나 병으로 고아가 되었든지, 가난하여 팔려왔든지, 사연은 서로 다르겠지만 그들의 삶도 우리 생활사의 한 쪽을 차지하고 있다. 어찌 어찌 젊고 곱던 시절 다 지나간 그들의 회한 어린 눈물이 쪽 유리창에 내리는 눈과 대조를 이룬다.

그 옛날에 비해 너무 잘사는 오늘날도 가출 청소년이 사회문제가 된 지 오래다. 흡연, 음주, 혼숙, 등으로 이어지는 청소년들은 모텔이나 호텔의 통 유리 속에서 매춘을 하기도 한다. 이들에게 창의 존재는 무엇일까?

또 빗물방울이 구르고 성에꽃을 창조하는 유리창은 가끔 생명을 빼앗기도 한다.

유리창에 부딪혀 죽은 새는 다시 살아나

학교는 유리창이 참 많은 건물

종 종 뒷산의 산새들

학교 유리창에 부딪혀 죽는다

유리창에 숨어 사는 뒷산 때문이라고도 한다

발효한 산열매를 조아 먹고 음주비행을 했기 때문이라고도 하지만

새가 되고 싶은 유리창의 음모라는 풍문이 설득력이 있다

유리창에 부딪혀 죽은 새는 다시 살아나

유리창을 마음대로 통과하며 살아간다고 한다

산맥과 달님도 마음대로 뚫으며 날아다닌다고 한다.

장인수(1968~, 충북 진천)
『유리창』, 문학세계사.

장인수 〈유리창〉

유리창은 창호지창과 달리 투명하여, 차게 느껴지는 면과 깨끗하다는 양면을 지니고 있다. 시인의 유리창은 스러지는 생명을 디딤돌로 무한히 지속되는 우주의 섭리가 통하는 곳이요, 유리창에 부딪혀 죽은 새가 살아나 자유로이 통과하는 곳이기도 하다. 학생 시절 한 번쯤은 보았을 유리창의 멧새 추락사건, 시인은 이를 놓지지 않고 가엾은 새들을 신처럼 부활시킨다. 솔거가 그린 황룡사의 노송도에 부딪혀 죽은 새들이 생각난다.

현대의 유리 기술은 눈부시다. 파랑 초록은 물론이고 금색, 은색 등 칼라유리에서부터 자외선 차단유리는 물론 창에서 에너지

를 얻기도 한다. 밖에선 안이 안 보이고, 안에서만 밖이 보이는 유리도 등장한 지 오래다. 이런 유리가 아니라도 어두운 곳에서 밝은 쪽은 보여도 밝은 곳에서 어두운 곳은 볼 수 없는 것이 유리창이기도 하다.

파장동 이병원 가옥. 반세기 전만 하여도 유리는 귀물이었다. 창호지문의 한쪽을 눈높이로 잘라내고 유리를 붙여 밖을 보았다. ⓒ 대한건축사협회, 『민가건축』

사람들은 유리창을 통하여 외계와 통하고 그리움을 전하기도 하는데, 윤병무 시인은 유리창을 통해 위와 같은 단절을 시로 보여주기도 한다. 나는 그를 보는데, 그는 나를 보지 못하는 일방성이나 몰래 카메라 같은 구실도 유리 사이에서 일어나고 있다. 수많은 CCTV에 현대인은 감시 아닌 감시를 당하고 있는 것과 유사한 현상이 창을 통해 일어나고 있다. 그러나 이러한 현상은 유리창이 없는 한옥에서도 예부터 있어왔다.

한옥에선 여름철 문을 열어놓으면 발을 내렸다. 대나무를 가늘게 쪼개어 만든 발은 바람이 통하고 햇볕은 막아주어 시원하였다. 또 안에서는 밖이 잘 보이지만 밖에서 안은 볼 수 없는 기밀성이 있었다. 이는 밝은 곳은 보이고 어두운 곳은 안 보이는 원리를 적용한 것이다.

이제 부부의 끈끈한 정이 묻어나는 창가로 가보자.

더운 여름 햇빛을 막고 바람은 통하게 하는 발. 낮에 방 안에서는 밖이 보이고 밖에서는 안이 안 보인다.

나가서 등불이나 껴안아주구려

자정 넘어 든 잠자리에서
바라보는 창문에 나무그림자가 서렸다
가을은 너무 깊어 이미 겨울인데

열어놓은 창문 사이로 마치 벽화를 그려놓은 것 같은 뒤뜰의 풍경이 아름답다. 김동수 가옥 안채 대청.

저 나무를 비추고 서있는 등불은

얼마나 춥고 외로울까

갑자기 어려져서 철없이 하는 말을 듣고

옆에 누운 사람이 하는 말

그럼 나가서 등불이나 껴안아주구려

핀잔을 준다

그래 정말 막막한 이 밤 등불의 친구나 될까보다

괜스레 마음은 길 위에 있다

나해철(1956년~, 전남 나주)
『긴 사랑』, 문학과지성사.

나해철 〈가을 끝〉

　　사회를 이루는 공동체의 기본은 가정이다. 부부가 잠자리에 누워 창문의 나무 그림자를 보며 대화하는 나해철의 〈가을 끝〉은 포근하고 끈끈한 부부애를 보여준다. 우리는 의식하지 못하고 살 때가 많지만 밖을 볼 수 있는 창은 참으로 소중한 것이다.

　　생각해보자. 나는 누군가를 위하여 창이 되어본 적이 있는가?

누군가에게 나는 창이 되어 본 적 있었는가?

이처럼 고단한 눈으로

창을 바라본 적은 없었다

창에서 뿜어져 나오는 밝음의

경계를 바라본다

답답한 병실에서 창은 또 하나의 우주다, 희망이었다

창을 열면 대도시의 거대한 빌딩 사이로

역동스런 삶의 소리

앙상한 가로수를 핥고 지나는 자동차의 소음

경적을 울릴 때마다

꿈틀거리는 병실의 창이

햇살을 실어 나른다

어렸을 땐

엄마가 세상과 내통하는 유일한 창이었다

유년에는 언니가 나의 창이 되어 주었다

사춘기 때에는 친구가, 선생님이

삶의 조갈증을 해소시켜 주었다

나이가 들면서 스스로 창이 되어야 했다

사람은 어느 누구든 몇 개의 창을 가지고

길 위에서, 세상에서 헤매이고 꿈을 캐며

살아가고 있다

누군가에게

나는 창이 되어 본 적 있었는가?

나의 창을 필요로 하는 사람

있었는가?

김규리 〈병상일지―창〉

김규리(1945~, 충남 예산)
『붉은 여름을 훔치다』,
조선문학사.

그림자의 침묵을 밟고 당신을 태운 기차가 지나간다

창을 통해 보이는 것들은 현재일 뿐이다. 그러나 같은 창을 통해 보는 사람과 시간에 따라 창밖은 변한다. 창 안에서 바라보던 내가 창밖에서 바라보이는 피사체가 될 수 있다. 유리창은 움직이지도 않고 변하지도 않는다. 그러나 시간은 흐르고, 흐르는 세월 따라 인생도 흐른다.

사월에서 오월로 가는 길목에 작은 창이 나 있다
그 창가에 붉은빛이 서로 다른 꼬마장미 몇 분盆, 얼룩고양이
타오르는 숲길 하나가 지금 창밖을 지나간다
침목처럼 가로누운 나무 그림자들
길 가장자리 밝은 그늘에 어느 날의 당신이 의자를 놓고 앉아 있다
아무것도 보고 있지 않은 사월과 오월 사이 당신의 숨은 눈, 그 눈 속

으로

　　그림자의 침묵을 밟고 당신을 태운 기차가 지나간다

류인서(1960~, 경북 영천)
『여우』, 문학동네.

　　류인서 〈창〉

　우리는 어린 시절부터 유리창에 입김을 불어놓고 얼마나 많은
사람들의 이름을 적었던가. 오늘 밤은 옛 추억을 되새기며 창가에
서보자. 사랑했던 사람의 이름이 생각날지.

　지금 그 사람의 이름은 잊었지만
　그의 눈동자 입술은 / 내 가슴에 있어

　바람이 불고 / 비가 올 때도
　나는 저 유리창 밖 / 가로등 그늘의 밤을 잊지 못하지.

　사랑은 가고 / 과거는 남는 것
　여름날의 호숫가 가을의 공원
　그 벤취 위에 / 나뭇잎은 떨어지고
　나뭇잎은 흙이 되고 / 나뭇잎에 덮여서
　우리들 사랑이 사라진다 해도

　(후략)

박인환(1926~1956, 강원 인제)
『목마와 숙녀』

　　박인환 〈세월이 가면〉

방과 마루 사이의 4분합문 두 곳 여덟 짝을 모두 열어 천장에
걸어놓았다. 콩댐으로 윤기 흐르는 샛노란 장판과 물때로 반
들거리는 마루가 조화롭다. 안동 북촌댁. ⓒ관광공사

방과 마루
그리고 천장

한국인들의 반 이상이 거주하는 아파트의 경우, 20평형대나 30평형대나 모두 방이 셋이다. 이는 한 가정의 자녀가 둘인 경우가 대부분이기 때문에 작든 크든 자녀들마다 방이 있어야 잘 팔리기 때문이다. 지금은 이와 같이 자기 방이 있는 것을 당연한 것으로 여기지만 1970년대까지만 하여도 형제는 형제끼리, 자매는 자매끼리 한방에 두셋씩 들어가는 것이 예사인 공동 생활공간이었다. 방이 두 칸밖에 없는 집들도 꽤 있어 자식들이 부모와 한방에서 잠을 자기도 하였다, 그렇기에 한겨울에도 머슴을 두는 부잣집 머슴방에는 동네 총각들이 떼로 잠을 자는 경우도 많았다.

이토록 열악한 주거환경이었기에 내 방이 있다 하여도 나만의 공간이 될 수 없었다. 비 오는 날이 많으면 방 안에 고추를 널어놓았고, 선반에 매단 메주 때문에 겨우내 퀴퀴한 냄새를 맡아야 했

퀴퀴한 메주 냄새가 싫었던 어린 시절 지금은 엄마품처럼 그립다.

다. 그뿐이랴. 명절이 다가오거나 제사에 맞춰 따끈한 아랫목에는 이불 감싼 술독이 들어앉기도 하였고, 겨울철엔 콩나물시루도 한쪽을 차자하였다. 귀찮기도 한 이런 일들을 당연한 것으로 여겼던 어린 날들. 세월이 성큼 가버린 지금, 이를 회상하는 시인의 시어가 온돌처럼 따사롭고 어머니 품처럼 포근하다.

잘 마른 소나무 장작
한 아름 불 지펴 놓고

빨갛게 익은 고추와
동침을 하고
못생긴 메주와
동거를 했던 온돌방

술 익는 내음에 취하고
달콤한 단술 향기에 취했던
사랑의 온돌방

돌아보니
포근한
엄마의 품이었네.

이문조(1953~, 울산)

이문조 〈온돌방〉

궁집의 방과 마루. 한옥은 한국의 보자기문화처럼 공간을 자유롭게 할 수 있다. 관혼상제 등 필요에 따라 문을 열거나 올리면 방과 마루가 하나가 되어 큰 공간을 만들고 닫으면 각기 고유의 역할을 한다. ⓒ 대한건축사협회, 『민가건축』

온돌방은 한민족의 자랑이다

근년에 중국의 동북공정 등으로 우리 역사 바로알기 운동이 전개되고 고조선연구도 활발하다. 문헌이 많지 않아 유물, 유적을 통하여 우리 민족의 활동 범위를 추정하는데, 한민족의 특성을 가장 뚜렷하게 나타내는 것이 고인돌과 비파형 동검 그리고 온돌의 분포이다. 이들을 종합하면 고구려 최전성기의 삼국 강역과 비슷하다. 온돌의 역사는 문헌을 통하여 고구려시대까지 올라가지만, 유구遺構는 기원전 2~3세기 것도 확인되고 있다.

우리 한민족의 전통 난방방식인 온돌은 브리태니커사전에도 올라 있으며, 낙수장으로 유명한 미국인 건축가 프랭크 로이드 라이트Frank Lloyd Wright* 가 보일러를 이용한 바닥난방으로 미국에 보급하면서, "온돌은 인류가 발명한 최고의 난방방식이다"라고 극찬하였다. 프랭크 로이드 라이트는 일본 도쿄의 제국호텔 설계를 위해

* 프랭크 로이드 라이트 (1867~1959). 미국의 세계적인 건축사. 폭포 위에 지은 낙수장과 뉴욕의 구겐하임 미술관이 그의 작품이다.

안동 치암고택 사랑방. 옛 선비의 사랑방 가구가 고스란히 재현되었다. ⓒ 관광공사

일본을 방문했을 때, 경복궁 자선당을 옮겨다 지은 집에 머물면서 처음 온돌을 경험하고 이를 자신의 건축에 이용하였다. 미국 뉴욕의 메트로폴리탄 박물관에는 그의 작업실이 옮겨져 있다.

온돌을 대신한 온수 파이프 바닥난방은 한국에서도 아파트의 보급과 함께 급격하게 보급되었으며, 이제 온돌난방은 건강을 위해 부분적으로만 설치되는 귀물이 되었다.

우종태는 보일러를 놓기 위해 헐리는 구들을 아쉬워하며 〈구들 유적지〉란 시를 써 이를 추억한다.

방고래 넘어 그을음을 삭혀온 그녀

밥을 지을 때마다 뽀얀 입김이 밤하늘에 피었다

삭은 그을음은 거름이 되고 감나무에는 감이 영글었다//

꿈은 개자리 건너 샛별에 잠들고

동이 틀 때까지 새싹들이 돋아나 꽃불을 한 잎씩 따먹었다//

띠살문 흔들리는 밤이 지평선 아래로 가라앉는다
플라스틱 배관이 촘촘하게 깔리고
푸석거리던 아랫목의 프로그램이 시멘트 바닥으로 닫히고 있다.

우종태 〈구들 유적지〉

우종태
『한옥, 시로 짓다』, 시와소금.

온돌은 바닥난방의 장점 외에도 밥 지을 때 쓰는 연료를 이용하여 난방까지 하는 에너지 절약형 난방방식을 갖고 있다. 또 온돌에서 나오는 원적외선은 몸을 이롭게 한다.

서양 사람들의 온돌 찬양

선교사이며 고종황제의 주치의 그리고 주한 미국공사를 역임한 알렌Allen, Horace Newton의 〈조선 견문록〉에는 "농부나 일꾼들이 사는 집이 아무리 누추하다 하더라도 항상 깔끔한 작은 침실이 딸려 있는데, 진한 갈색의 유지가 발라져 있는 구들과 황토로 된 방바닥은 하루에 두 번씩 밥을 하느라고 때는 불 때문에 항상 따뜻하다"면서 중국과 일본의 난방 방식과는 비교가 안 된다고 칭찬하고 있다. 영국인 여행가인 헨리 노먼도 베이징을 방문한 후에 조선의 수도인 서울은 베이징과 비교하면 천국이라고 했다.

알렌이 본 노란 유지는 구들바닥에 창호지를 바른 후 이를 보호하기 위하여 콩댐한 장판을 말한다. 콩댐이란 불린 콩을 갈아서 들기름 따위에 섞어 장판에 바르는 일이다.

벽안당의 아(亞)자 온돌방. 신라
효공왕 당시 담공(曇空)선사가 축
조한 선원으로서, 방 안 네 귀퉁이
의 50센티미터씩 높은 곳은 좌선
처이고 가운데 십자 모양의 낮은
곳은 경행처이다. 한 번 불을 지피
면 100일간 따뜻한 신비한 온돌
방으로, 소실 후 재건하였다. 지리
산 토끼봉 아래 칠불사는 가락국
김수로왕의 7왕자가 성불한 가야
불교의 발상지이기도 하다.

서양의 벽난로와 달리 연기를 걸
러내는 필터링 방식의 구들 단면
도.
불의 역류를 막는 부넘기와 굴뚝
의 역풍을 막는 개자리 등을 통하
여 하루 두 번으로 종일 따뜻함을
유지한다.

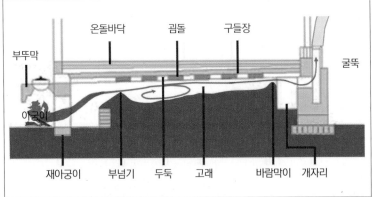

고래는 줄고래, 부채고래 등 종류
가 많다. 왼쪽 사진은 허튼고래이
고, 고래 설치가 끝나면 오른쪽 사
진과 같이 얇은 돌인 구들장을 깐
다. 그 위에 여물 섞은 황토를 바
른 후 장판을 하고 콩기름을 먹이
면 노란색의 장판지가 된다. 가난
한 집은 장판지 대신 자리를 깔기
도 하였다.

우종태는 '콩댐'을 "덧바르고 문지르는 낙서"라면서 "보송보송한 살갗 같다 / 솜털 같다 / 갓난아이 숨소리가 들리는 가을들녘 같다"고 시를 쓰고 있다.

이렇듯 한민족과 함께한 온돌은 아궁이, 부넘기, 불목, 개자리, 굴뚝 등으로 이뤄지고 고래만 하여도 허튼고래, 나란히고래, 선자고래 등으로 다양하다. 그리고 이렇듯 오랜 경험과 고도의 기술로 난방 효능을 극대화하고 있다.

그뿐만 아니라 수십 미터 떨어진 곳에 꽃무늬로 치장한 경복궁 아미산의 굴뚝이나 자경전의 십장생 굴뚝 등은 한국만이 갖고 있는 굴뚝예술의 극치이다.

1960년대만 하여도 이러한 온돌은 바닥만 따듯하고 방 전체의 기온이 고르지 않아 감기에 걸릴 확률이 많다는 등 단점이 많은 난방 방식으로 배웠다. 그러나 라디에이터 난방 시스템을 도입한 서울 강남의 AID차관아파트의 집값이 떨어지고 인기가 없어짐에 따라, 그때까지 같은 방식을 도입한 모든 아파트의 거실도 바닥난방으로 바뀌었다. 초기의 이런 현상은 우리만의 한국적 습성에 의한 것으로 여겼으나 독일 등도 그때 벌써 온돌난방을 연구하기 시작하였다.

최근 한국주택건설업체들이 진출한 중국, 러시아 등에 온돌난방이 급속히 팽창하고 있으며, 독일, 스위스, 덴마크의 경우, 신규 건축의 반 이상이 바닥난방을 하고 있다고 한다. 특히 최근 개관한 코펜하겐 오페라하우스도 바닥난방을 하였다.

외국의 바닥난방 가정은 생활 패턴이 완전히 변하였다. 종일 신고 있던 구두를 벗고 맨발로 있게 되니 건강과 위생은 물론 그 해방감은 이루 말할 수 없다는 것이다. 영국 엘리자베스 여왕은 1999년 안동 하회마을을 방문했을 때, 73회 생일상을 받기 위해 신을 벗고 방 안에 들어섰다. 대중에게 여왕의 발을 처음 보여준 것이라 하였다. 여왕은 당혹스러웠을지 모르나 그 시원함도 느꼈을 것이다.

온돌은 입식 생활의 필수인 의자가 없더라도 아무 곳에나 앉거나 누울 수 있는 것 또한 장점이 되고 있다. 열효율이 1/5에 불과하고 매연으로 공기가 탁한 벽난로 난방과는 차원이 다르다. 한국에서도 최근 신축 학교 난방은 대부분 바닥난방이다. 집의 거실과 같이 활동할 수 있어, 초등학생들의 적응력이 특히 좋기 때문이라 한다. 또한 공공도서관 내 어린이 도서실은 모두 온돌난방으로 누워서도 책을 읽을 수 있도록 배려하였다.

침실, 식당, 서재로 변하는 한옥의 방은 보자기와 같다

한옥은 기본적으로 방의 용도가 특정되지 않았다. 잠자던 침실 방의 이부자리를 개고 밥상이 들여지면 식당이 되고, 밥상을 치우고 나면 길쌈하는 곳, 바느질 하는 곳, 책 읽고 공부하는 곳 등으로 변화한다. 싸고, 덮고, 두르고, 필요 없을 때는 주머니에 넣을 수 있는 보자기와 같다. 일찍이 이어령은 "서양이 가방문화라면 한국은 보자기문화"라고 하였다. 단칸방에서 자녀들과 함께 셋방살이를 하면서도 이를 너끈히 견뎌낸 것도 이런 유전자가 있어 수월했을 것이다.

방이란 무엇인가? 사전은 "사람이 살거나 일을 하기 위하여 벽 따위로 막아 만든 칸"으로 정의하고 있다. 즉 거실이나 부엌도 방인 것이다. 지금 우리는 기능이 분화된 집에서 살고 있다. 그래서 방이라 하면 침실을 지칭하는 것으로 인식한다. 이렇게 변한 데는 아파트의 역할이 컸다. 그러나 그 기간은 불과 30여 년이다. 침실이란 단어가 프랑스 사전에 등장한 것은 18세기이며, 19세기에서

1. 궁집 안방. 안동의 학암고택 등 제택에는 이렇게 숨어 있는 수납 공간이 많다. 사랑방의 경우, 이부자리를 이런 곳에 두었다. 열려 있는 벽장문 네 짝 중 두 짝만 열려 있다. 오른쪽엔 다락문이 있다.
2. 다락방. 이러한 다락방은 부엌 위에 있는데 여름철 안방마님의 피서처로 쓰였다.

하회 남촌댁 별당 온돌. 벽을 장식한 글과 그림이 고아한 맛을 풍긴다. ⓒ문화재청

야 정착되었다.

한옥의 방 배치는 부엌과 안방 다음에 대청이 있고 건넌방이 있는 형태이다. 그런데 서양의 방 배치는 거실과 부엌의 공간과 침실이 무리 지어 있다. 즉 낮의 공간과 밤의 공간으로 구분되는 것이다. 현재 한국인의 약 60퍼센트가 살고 있는 아파트 등 공동주택은 화장실, 욕실, 부엌, 식당 등이 모두 서구화되었지만 평면 형태와 난방 방식만은 한옥을 그대로 본받고 있다. 입구에 아이들 방이 있고 대청과 같은 거실을 지나야만 부부침실인 안방이 있는 형태이기 때문이다. 습관과 전통이란 이렇게 이어져 가는 것이다.

한옥에서는 집이 여러 채로 구성되어 있는 경우가 많다. 안채를 기준으로 좌우에 있는 방을 이를 때는 건넌방이 아니라 건넛방이라 한다. 마당을 건너 있는 방이란 뜻이다. 마주 보는 채는 사랑채, 사랑채에 있는 방은 사랑방이다.

방은 사랑이다

　미셸 페로의 『방의 역사』를 보면 침실은 부부의 은밀한 성생활을 도덕적 차원에서 합리화시키려는 시도와 병행한 것을 알 수 있다. 그런 의미에서 방은 사랑과 긴밀하다. 이러한 것은 우리의 춘향가 중에서 이도령이 춘향의 방에서 부르는 〈사랑가〉에 농축돼 있다.

　이리 오너라 업고 놀자 사랑 사랑 사랑 내 사랑이야 사랑 사랑 사랑 내 사랑이지 이히 내사랑이로다

　아매도 내 사랑아 니가 무엇을 먹으랴느냐 둥글둥글 수박 웃봉지 떼 뜨리고 강릉의 백청을 다르르르 부어 씨는 발라 버리고 붉은점 움뿍 떠 반간 진수로 먹으랴느냐

　아니 그것도 나는 싫소

　그러면 무엇을 먹으랴느냐 당 동지 지루지허니 외가지 단참외 먹으랴느냐 아니 그것도 나는 싫소

　그러면 무엇을 먹으랴느냐 앵도를 주랴 포도를 주랴 귤병사탕의 회화당을 주랴

　아니 그것도 나는 싫소

　시금털털 개살구 작은 이도령 서는데 먹으랴느냐

　아니 그것도 나는 싫소

　저리 가거라 뒤태를 보자 이리 오너라 앞태를 보자 아장 아장 걸어라 걷는 태를 보자 방긋 웃어라 아마도 내 사랑아

　춘향전의 〈사랑가〉 속에는 위에 적은 가사와는 비교되지 않을

정도로 농밀한 성적 구애의 가사들이 들어 있다. 이렇게 침실 등 삶을 위한 방들이 있는 주택을 건축가들은 설계하는데 시인들은 방이 아닌 곳에서 방을 찾아내고 있다.

눈물 속으로 들어가 봐, 거기 방이 있어

눈물 속으로 들어가 봐
거기 방이 있어

작고 작은 방

그 방에서 사는 일은
조금 춥고
조금 쓸쓸하고
그리고 많이 아파
하지만 그곳에서
오래 살다 보면
방바닥에
벽에
천장에
숨겨져 있는
나지막한 속삭임 소리가 들려

아프니? 많이 아프니?

나도 아파 하지만

상처가 얼굴인 걸 모르겠니?

우리가 서로서로 비추어 보는 얼굴

네가 나의 천사고

내가 너의 천사가 되게 하는 얼굴

조금 더 오래 살다 보면

그 방은 무수히 겹쳐져 있다는 걸 알게 돼

늘 너의 아픔을 향해

지성으로 흔들리며

생겨나고 또 생겨나는 방

눈물 속으로 들어가 봐

거기 방이 있어

크고 큰 방

김정란 〈눈물의 방〉

김정란(1953~, 서울)
『그 여자, 입구에서 가만히 뒤돌아보네』, 세계사.

우리는 슬프거나 아플 때 또 억울할 때 눈물을 흘린다. 그뿐이랴. 영화관에서는 물론 TV를 보다가도 감동의 눈물을 흘린다. 시인에겐 한 방울의 눈물이 방이다. 세월이 갈수록 눈물 방은 무수히 많아지고 그 속에서 남을 이해하고 용납하는 원숙한 인격체가 만들

어진다. 눈물이 마른 사람은 영혼도 마른 사람이다. 눈물의 방이 클수록 영혼이 맑은 사람일 것이다.

그 남자의 방

건축가에게 방은 실체이다. 그러나 시인에게는 관념이다. 뉴욕 등 서양의 대도시는 아파트의 꼭대기층 펜트하우스가 전망이 좋기에 제일 비싸다. 그중에도 방의 숫자가 많을수록 비싸다. 사람도 마찬가지인가. 집·차·직장이란 방에 문·사·철의 교양이란 방과 특기, 가문 같은 각종 방을 달고 다닌다. 남자와 여자는 이런 방들에 매혹되어 결혼을 하고 곧이어 후회를 한다. 안 해도 후회하고 해도 후회하는 것이 결혼이다.

몸에 무수한 방을 가진 남자를 알고 있다
햇살방 구름방 바람방 풀꽃방
세상에, 남자의 몸에 무슨 그리 많은 방을

그 방 어느 창가에다 망상의 식탁을 차린 적 있다
안개의 식탁보 위에 맹목의 주홍장미 곁에
내 앙가슴살 한 접시 저며 내고 싶은 날이 있었다
그의 방을 기웃거리다 도리어
내 침침한 방 그에게 들키던 날
주름 깊은 커튼자락 펄럭, 따스한 불꽃의 방들 다 두고
물소리 자박대는 내 단칸방을 그가 탐냈으니

내게도 어느 결에
그의 것과 비슷한 빈방 하나 생겼다
살아 꿈틀대던, 나를 들뜨게 하던
그 많은 방들 실상, 빛이 죄 빠져나간 텅 빈 동공
눈알 하나씩과 맞바꾼
어둠의 가벼운 쭉정이였다니, 그는 대체
그동안 몇 개의 눈을 나누었던 것일까
그 방 창이 나비의 겹눈을 닮아있던 이유쯤
더이상 비밀이 아니구나, 저벅저벅 비의 골목을 짚어가던
먼 잠 속의 발걸음 소리도 그의 것이었구나

류인서 〈그 남자의 방〉

류인서(1960~, 경북 영천)
『그는 늘 왼쪽에 앉는다』, 창비.

비닐 장판 밑의 방

　방 안에 사는 것이 사람뿐일까? 바퀴벌레도 살고 여름철이면 파리와 모기도 산다. 지금은 없어졌지만 예전에는 이와 벼룩 빈대도 살았다. 잘사는 집은 장판지로 장판하고 콩기름을 몇 번씩 먹여 노란 장판을 완성했지만 가난한 집들은 자리를 깔았다. 자리 밑에는 빈대가 있어 밤이면 사람의 피를 빨았다. 이런 종이장판과 돗자리를 대체한 것이 비닐장판이었다. 시인은 우연히 장판지를 들췄다가 개미의 행렬을 보고 놀란다. 그리고 그들과 공존을 선언한다.

> 거실바닥 비닐장판 사이 / 틈새에 난 길을 따라
> 줄을 이어 분주히 오가는 개미떼 / 참, 부지런들 하시다
> 돋보기 대고 앉아 가만히 들여다보니
> 비록 먼지처럼 작디작은 생이지만 / 혼신을 다한 저마다의 몸짓들
> 미안하다, 들추었던 하늘을 다시 덮는다
> 오늘 저녁상도 저들과 함께 받으리라.

황상순(1954~, 강원 평창)
『농담』, 한국문연.

황상순 〈개미의 집〉

들여놓을 가구가 없어 가지지 못하는 방

　문文·사史·철哲은 학문의 기본으로 누구나 갖춰야 한다. 선진국의 대기업들은 문·사·철을 전공한 인재들을 일정 부분 채용하여

경복궁 내 건청궁은 명성황후 시해 사건이 있었던 곳이다. 이곳의 장안당은 조선시대 여름철 상류 주택에서 사용하는 침상이 보인다. ⓒ 문화재청

적재적소에 배치한다는데, 돈과 안정된 직장만을 쫓는 한국의 현실은 이 세 학문을 고사시키고 있다. 그러다 보니 시인들은 그 예리한 통찰력을 두고도 직장을 구하지 못하여 번듯한 명함 한 장 만들 수가 없고 가난에 막노동도 서슴치 않는다. 시인은 명함을 만들 수 없는 현실을 "사방팔방 둘러봐도 가로 9센티미터 세로 5센티미터로 된 직사각 방 한 칸 단장하고 채워 넣을 속세의 세간 전무"하기 때문이라고 한탄한다.

건축사들은 "○○건축사사무소 대표건축사"란 "속세의 세간"을 가지고 명함을 만들고 수주활동에 나서지만, 외국의 20~30퍼센트 수준인 열악한 설계비와 건설 위주의 시스템 속에서 대부분이 창의성보다 계약서를 완수하는 데 급급하고 있다. 명함의 유무만 다르지 현실은 크게 다르지 않은 것이 오늘날 시인과 건축사들이다.

묵은 명함을 수북이 늘어놓고 정리하던 제주도 '각' 출판사 박경훈

대표가 마침 민예총 소식지 교정보러 나온 김수열 시인에게 뜬금없이 내 안부를 묻더란다. 시 쓰는 놈 치고 제대로 된 명함 가지고 다니는 걸 아직 한 번도 못 봤다고, 남의 명함 얻어서 뒷면에 연락처 휘갈겨 쓰는 인간들은 십중팔구 시인이더라고, 그 말끝에 안부를 묻는 걸로 미루어 모르긴 몰라도 누군가의 명함 뒷면에 민폐를 끼친 사람 중에 너도 포함된 모양이더라고 전언하신다. 그러고 보니 여태껏 번듯한 명함 한 장 가져본 기억이 없다 깎이고 접힌 곳까지 평평히 펴놓고 사방팔방 둘러봐도 가로 9센티미터 세로 5센티미터로 된 직사각 방 한 칸 단장하고 채워 넣을 속세의 세간 전무하다. 날은 차디찬데 마른 장작에 불붙여 조개탄 올려놓을 무쇠화로 하나 없이 마흔을 맞다니.

손세실리아(1963~, 전북 정읍)
『기차를 놓치다』, 애지.

손세실리아 〈명함〉

생리적인 잠보다 우선하는 자유의 공간

누구에게도 구속받지 않고 나만의 세계에서 생각하고 행동할 수 있는 독립된 공간, 생리적인 잠보다 우선하는 자유의 공간인 '나의 방'은 사유해야 하는 시인에게 최우선의 명제일 터이다. 그렇기에 작디작은 골방 하나를 소원하고 있는 것이다.

내 마음 속에 절 하나 / 갖고 싶다 절간 말고
단칸방 암자 하나

갖고 싶다 암자까지는 말고
미루나무 우듬지 까치집 같은
적멸의 골방 하나 갖고 싶다
그 골방의 처마 끝에서 울려오는
이른 새벽 허허청청
이슬 내리는 소리보다 더 맑은
풍경소리 하나 갖고 싶다

허형만 〈내 마음속 풍경하나〉

경주향단 ⓒ 관광공사

허형만(1945, 전남 순천)
『영혼의 눈』, 문학사상사.

우물천장과 연등천장

방과 마루에는 바닥과 벽 외에 천장이 있다. 천장에는 우물천장
과 연등천장이 있다. 연등천장椽燈天障은 서까래椽木와 대들보가 모
두 보이는 천장, 즉 아무런 장식을 하지 않고 구조재가 그대로 보
이는 천장을 말한다.

한옥의 경우, 대청과 툇마루 등에는 모두 연등천장을 사용하였
다. 삿갓처럼 경사졌다고 하여 삿갓천장으로도 불리는 이 천장은
천장이 높아야 하는 여름철용 대청마루에 안성맞춤이다. 그대로
보이기 때문에 대공 등을 갖가지 모양으로 장식하였다. 질서정연
하지만 하나도 같은 것이 없는 서까래는 살아 움직이는 그림처럼
느껴진다.

우물천장은 정#자 모양의 틀을 수평으로 짜서 판재로 마감한 것

천장은 서까래가 보이는 연등천장과 우물(井) 천장으로 크게 나뉜다.
1. 독락당의 연등천장. 상록하단(上綠下丹)이라 하여 서까래와 문은
녹색, 기둥은 붉은색을 칠하였다.
2. 대전 동춘당의 눈썹반자. ⓒ 대한건축사협회, 『민가건축』
3. 원지정사의 연등천장과 가운데 눈썹반자.
4. 군자정의 우물천장.

인데, 사각틀의 판재에는 용, 봉황, 연꽃 등 건물에 맞는 그림을 그려 넣었다. 우물천장은 궁궐과 사찰의 주요 전각에서만 볼 수 있었고 민가에는 없다. 다만 '눈썹반자'라 하여 연등천장에 우물천장이 부분적으로 쓰였는데 이는 구조적인 부재가 아름답지 못하기 때문에 이를 가리기 위한 것이었다. 방은 마루나 대청과 달리 천장이 낮아야 열 손실도 적고 아늑한 맛이 나기 때문에 천장을 하고 종이로 도배를 하였다.

화려한 무늬들로 장식된 경회루 1층의 우물천장.

임금의 옥좌 위나 불상의 머리 위에 두는 보개寶蓋천장은 천장 아래 그보다 낮게 또 하나의 천장을 만드는 것으로, 닷집이라 하여 아예 작은 지붕을 하나 더 만들기도 하는데 매우 정교하고 화려하다. 그 외 고구려 고분 벽화 등에서 보이는 귀접이천장이나 고임천장이 있는데 이는 석조건축에 주로 쓰인 것이다.

시골집 마루의 추억

마루는 나이를 많이 잡수신 모양입니다

뭉툭 귀가 닳은 허름한 마루 / 이 집의 내력을 알고 있을 겁니다

봄볕이 따신 궁둥이를 디밀면 / 늘어진 젖가슴을 내놓고, 마루귀에서

이를 잡던 쪼그랑할멈을 기억할 겁니다

입이 댓 발이나 나온 며느리가 아침저녁

런닝구 쪼가리로 박박 마루를 닦던 / 그 마음도 읽었을 겁니다

볕을 따라 꼬들꼬들 물고추가 마르던 쪽마루

달포에 한 번, 건미역과 멸치를 이고 와

툇간에 기둥과 함께 있는 마루들.
1. 잘 관리되어 윤이 나는 한옥의 툇마루. ⓒ 최상철 건축사
2. 햇살 가득한 남원 몽심재의 툇마루. 6각기둥이 이채롭다.
ⓒ 대한건축사협회, 『민가건축』
3. 누마루로 이어지는 정여창 고택 사랑채.ⓒ 대한건축사협
회, 『민가건축』
4. 양진당 안채 대청에서 툇마루로 이어지는 위쪽에는 접대
용 밥상들이 선반에 나란히 놓여있다. ⓒ 대한건축사협회,
『민가건축』

하룻밤 묵던 입담 좋은 돌산댁이 떠나면

고 여편네, 과부 십 년에 이만 서 말이여

구시렁구시렁 마루에 앉아 참빗으로 머릴 훑던

호랑이 시어매도 떠오를 겁니다

어쩌면 노망난 할망구처럼 나이를 자신 마루는

오래전, 까막귀가 되었을지도 모르지요

눈물 많고 간지럼을 잘 타던 꽃각시

곰살맞은 우리 영자고모를 잊었을지 모르지만,

걸터앉기 좋은 쪽마루는 / 지금도 볕이 잘 듭니다

마루 밑에 찌든 고무신 한 짝 보입니다

조용한 오후 / 아무도 살지 않는 빈 마루에 봄이 슬쩍 댕겨갑니다

마경덕 〈시골집 마루〉

마경덕(1954~, 전남 여수)
『신발論』, 문학의전당.

우물마루는 조선마루, 장마루는 중中·일日에 많아

  방 안이 가족끼리라면 툇마루는 이웃들이 잠시 들러 이야기를
나누기도 하며 단골 방물장수나 생선장수 아낙네들의 물건을 펼치
는 곳이기도 하였다. 신발 신은 채 간단히 걸터앉을 수 있는 툇마
루에는 시인의 시처럼 누구에게나 많은 추억이 저장되어 있다. 갓
쪄낸 옥수수나 식은 하지 감자도 먹고, 시원한 수박 참외도 먹던
곳이다. 제비 새끼들이 엄마 제비가 날라 온 먹이를 먼저 달라고

정선(鄭敾, 1676~1759)의 〈독
서여가讀書餘暇〉, 간송미술관 소
장.

짹짹거리는 소리가 시끄럽고 제비 똥을 치우는 것이 귀찮아도 놀
부처럼 벌 받을까봐 싫은 소리도 못했던 시절, 대청은 어머니의 베
틀에서 삼베 짜던 딸깍 소리가 자장가 같던 곳이고 아버지의 상청
이 놓였고 초하루 보름마다 상을 차리고 곡을 하던 곳이기도 하다.
그러나 방에 딸린 쪽마루는 통로가 아니면 그 방 주인의 전용 공간
으로 쓰였다. 조선조 정선의 독서여가讀書餘暇란 그림을 보면, 잘 정
돈된 서가가 있는 방 안에서 독서를 하다 잠시 쪽마루에 나와 자연
이 응축된 화분을 바라보며 망중한忙中閑에 빠진 선비의 모습이 보
인다.

이제, 〈옥수수를 기다리며〉란 시가 우리를 기다리는 대청으로
가보자. '옥수수를 기다리는 곳'이 대청일 뿐 내용은 옥수수 껍질
을 벗길 때 이야기인데 참으로 입가에 미소가 떠나질 않는다.

옥수수를 딸 때면 미안하다
잘 업어 기른 아이
포대기에서 훔쳐 빼내 오듯 / 조심스레 살며시 당겨도
삐이꺽, 대문 여는 소리가 난다

옷을 벗길 때면 죄스럽다
겹겹이 싸맨 저고리를 열듯
얼얼 낯이 뜨거워진다 / 눈을 찌르는 하이얀 젖가슴에
꽉, 막혀오는 숨 / 머릿속이 눈발 어지러운 벌판이 된다

나이 자신 옥수수

수염을 뜯을 때면 송구스럽다

곱게 기르고 잘 빗질한 수염

이 노옴! 어디다 손을

손길이 멈칫해진다

고향집 대청마루에 앉아

솥에 든 옥수수를 기다리는 저녁

한참 꾸중을 든 아이처럼 잠이 쏟아진다

노오랗게 잘 익은 옥수수

꿈속에서도 배가 따뜻하여, 웃는다.

황상순 〈옥수수를 기다리며〉

황상순(1954~, 강원 평창)
『농담』, 한국문연.

온돌방이 북쪽 대륙의 산물이라면 마루는 남쪽 해양문화의 소산이다. 이것이 세월의 흐름에 따라 합쳐져 한국의 전형적인 주택 구조를 형성하게 되었다. 마루는 소나무 등을 널로 쪼개 온돌방의 높이로 밑을 비우고 깐 것을 말하는데, 널을 그대로 길게 깐 것을 장마루, 두자(60cm) 내외로 잘라 귀틀 사이에 끼운 것을 우물마루라한다. 우물마루는 한옥에 많아 일명 조선마루라고 하며, 중국이나 일본은 장마루가 많다. 마루는 높이나 위치에 따라서도 구분하는데, 툇간에 있으면 툇마루, 툇간 밖에 좁게 놓인 마루는 쪽마루, 누마루는 통상적인 마루보다 한두 자(30~60cm) 높게 만들고 계자각 등으로 난간을 두른 마루로 누마루 밑에는 대개 아궁이가 설치되어 있다. 방 크기로 크게 놓인 것은 대청마루라 한다.

쪽마루의 형태.
1. 방에서 누마루를 연결하는 쪽마루. 곡전재.
2. 정자를 둘러싸고 건물과 이어진 난간 두른 쪽마루, 창덕궁.
3. 충효당 사랑채 쪽마루와 난간. 오른쪽 널문을 열면 사랑마루이다.
4. 5. 해풍부원군댁 ㄱ자 쪽마루와 후면의 쪽마루.

햇빛 부처, 무량한 겨울 대청

앞서 읽은 마경덕의 〈시골집 마루〉나, 이른 봄 "볕바른 마루 끝에 나와 앉아" 있으면, "고요한 눈빛뜰에 눈이 부시고"라는 표현처럼 마루는 햇빛을 동반하는 시가 많다. 최동호 시인은 〈겨울 햇빛의 혀〉를 통해 오래된 툇마루와 대청마루의 생김새를 그림처럼 그리며 겨울철 짧은 햇빛에 찬사를 보내고 있다.

툇마루 보푸라기 먼지
쓸고 가는
햇빛의 하얀 혀 끝
녹슨 쇠못
자국
바람 든 잇몸

툇마루 구석
찬 그늘
버캐 서린 나무결
흔적 없이 여위는
햇빛 부처
무량한 겨울 대청마루

최동호 〈겨울 햇빛의 혀〉

최동호(1948~, 경기 수원)
『얼음 얼굴』, 서정시학.

함양 정병호가의 사랑채 툇마루 난간에 풍혈(風穴), 즉 바람구멍을 두었다. ⓒ 박해진, 노현균, 대한건축사협회, 『민가건축』

풍혈을 통해본 쪽마루. 풍혈은 코끼리 눈 같다 하여 상안(象眼)이라고도 한다. ⓒ 김영식 건축사

6간 대청의 추억

이제, 잠시 조영남의 히트곡인 〈최진사댁 셋째 딸〉 이야기 좀 해보자. "건너 마을에 최 진사댁에 딸이 셋이 있는데 / 그중에서도 셋째 따님이 제일 예쁘다던데"로 시작되는 노래는, 나의 용기로 드디어 셋째 딸의 사위가 된다는 해피 엔딩으로 끝난다. 노래의 2절 중 끝은 "그렇지만 나는 대문을 활짝 열고 뛰어 들어가 / 요즘 보기 드문 사윗감 왔노라고 말씀드리고 나서 / 육간대청에 무릎 꿇고서 머릴 조아리니 / 최진사 허탈하게 껄껄껄 웃으시며 좋아하셨네"이다.

가사는 우리의 정서와 관습은 물론 논리에도 안 맞지만 해학적인 내용과 조영남 특유의 창법으로 누구나 즐겨 부르는 노래가 되

었다. 필자가 이 노래를 이야깃거리로 삼은 것은 가사 속에 등장하는 6간 대청 때문이다.

대청마루는 마루 중 가장 넓을 뿐 아니라, 집의 어떤 방보다도 컸다. 아무리 작아도 한 간 반이고 제일 큰집은 6간이나 되었다. 조영남의 최진사댁도 99간의 부잣집이었던 모양이다. 6간이란 대략 5미터×7.5미터 정도인데, 분합문을 열어 방과 합치면 두 배 정도로 커지는 특성이 있다.

대청은 길쌈을 비롯한 일상은 물론 제사 등 의례행사에도 쓰였으며, 경제적으로 여유가 있는 사대부가에서는 분합문을 달아 여름철에는 추녀에 매달고, 겨울에는 내려서 실내공간을 만들었다. 대청마루는 여름에 시원하다. 온돌 아닌 마루이기에도 그렇지만, 그보다 더 큰 것은 대류현상이라는 과학이 적용되었기 때문이다. 온돌방과 달리 마루 밑은 통풍이 되도록 트여있다. 이로 인하여 마루 밑으로 찬 공기가 흐르면서 마루를 시원하게 해주는 것이다.

마루 중 대청은 제향 때에는 많은 일가들이 모여 제례를 행하는

안동 하회 북촌댁 사랑채 대청.
ⓒ 관광공사

장소이기에 커야 했다. 대청이 가장 큰 집은 필자가 아는 한 안동의 의성 김씨 종택으로 10간쯤 된다. 상류주택은 안채와 사랑채에 각각 대청마루를 두었다.

청마 유치환이 사랑했던 이영도는 산업화로 대부분 도시로 떠나 권위가 사라진 종가를, 〈고가〉란 시조로 읊었다. 아마도 이 시에 등장하는 대청은 사랑채에 있는 것일 게고 아이 서넛은 타성바지 동네 아이들이 아닐까?

장죽 떠는 소리
멀찌기 기침소리

그렇던 대청엔
아이 서넛 놀고 있고

청이끼 짙은 담머리
석류꽃이 피었다

이영도 〈고가古家〉

이영도(1916~1976, 경북 청도)
『청저집』

어머니와 툇마루

시인의 마루에는 햇빛과 함께 어머니가 많이 등장한다. 그중 반칠환 시인의 먼 산 바라기를 하는 〈어머니〉 배경도 마루이다. 온 식구들을 먹이기 위해 집안의 가사는 물론 논농사 밭농사를 가리지 않고 희생하신 늙은 어머니의 얼굴에 피어난 검버섯을 비로소 혼자만을 위한 밭농사의 작물로 승화시킨 시인의 마음이 아름답다.

산나물 캐고 버섯 따러 다니던 산지기 아내
허리 굽고, 눈물 괴는 노안이 흐려오자
마루에 걸터앉아 먼 산을 바라보신다
칠십년 산그늘이 이마를 적신다
버섯은 습지 음지 생물
어머니 온몸을 빌어 검버섯 재배하신다
뿌리지 않아도 날아오는 홀씨

주름진 핏줄마다 뿌리 내린다

아무도 따거나 훔칠 수없는 검버섯

어머니, 비로소 혼자만의 밭을 일구신다

반칠환(1964~, 충북 청주)
『뜰채로 죽은 별을 건지는 사람』,
지혜.

반칠환 〈어머니 5〉

어머니의 젊은 날 작업 공간이었고, 늙어서는 자식 걱정으로 먼 산 바라기를 하는 마루, 고재종은 "그만 죄로 갈" 어머니의 추억 하나를 꺼내본다. 자식을 위해서라면 부끄러움도 없는 어머니의 지극한 사랑이 절절하다.

오무라졌던 분꽃이 다시 열릴 때

저 툇마루 끝에

1. 선병국가 아자 난간.
2. 부용정의 계자각 난간.
3. 마루 밑에 아궁이를 두기 위해 높힌 툇마루 음성 김주태 가옥.
4. 남사마을 이제고택의 계자각 난간.

식은 밥 한 덩이 앞에 놓고 앉아

혼자서 멀거니

식은 서천을 바라보는 노인이여!

당신, 어느 초여름 날

햇살이 환하게 비추는 것도 모르고

옆 논의 아제가 힐끔대는 것도 모르고

그 푸른 논두렁에서

그 초롱초롱한 아이에게

퉁퉁 불은 젖퉁이를 꺼내 물리는 걸

난 본 적이 있지요

당신, 그 속의 글썽거림에

나는 괜히 사무치어서

이렇게 추억 하나 꺼내봅니다

생은 추억으로 살 때도 있을 법해서

그만 죄로 갈 생각 한번 해본 거지요.

고재종(1957~, 전남 담양)
『앞강도 야위는 이 그리움』,
문학동네.

고재종 〈저물녘을 견디는 법〉

이제껏 보아왔듯이 마루에 관한 시는 마루 자체보다 장소성이 강하다. 그런데 안도현 시인은 〈툇마루가 되는 일〉이란 시를 통해, 스스로 툇마루가 되어보는 시도를 하고 있다. 우리도 오늘은 볕 좋은 툇마루에서 스스로 툇마루가 되어, 어린 날 추억들을 실타래처럼 풀어보면 어떨까.

꽃 속에 둘러싸인 교태전 아미산 굴뚝.
미녀들 속의 헌헌장부 같다.

굴뚝과
부엌

요즈음 젊은이들이야 굴뚝하면 산타 할아버지의 빨간 벽돌 굴뚝을 상상하거나 높다란 공장 굴뚝을 떠올리겠지만 산업화 이전에 어린 날을 보낸 사람들에게 굴뚝은 고즈넉한 향수와 아련한 추억이 배어 있다. 그 속에는 연기와 함께 부엌과 아궁이와 밥이 있다.

산골짜기 오막살이 낮은 굴뚝엔
몽기몽기 웬 연기 대낮에 솟나
감자를 굽는 게지 총각 애들이
깜박 깜박 검은 눈이 모여 앉아서
입술에 꺼멓게 숯을 바르고
옛이야기 한 커리에 감자 하나씩
산골짜기 오막살이 낮은 굴뚝엔

살랑 살랑 솟아나네 감자 굽는 내

윤동주(1917~1945)
『하늘과 바람과 별과 시』

윤동주 〈굴뚝〉

웬 연기 대낮에 솟나? 산골짜기 오막살이 낮은 굴뚝에

서시序詩로 유명한 윤동주의 〈굴뚝〉은 일제시대 어려운 시골의 삶을 낭만적으로 읊었다. 아침과 저녁으로 두 끼만 먹던 그 시절, 점심을 굶는 때가 많았기에 굴뚝에서 나는 연기는 '먹을 게 있다'는 희망이었다. 그런데 갑자기 오막살이 집에서 '몽기몽기 연기가 나고, 살랑살랑 감자 굽는 냄새'가 나는 것이다. 누구네 집에서 가져왔을까? 동네 총각들이 대낮에 모여, 함께 구운 감자 먹느라 입술이 재로 범벅이 된 채 구수한 이야기꽃을 피우며 감자 파티를 하고 있는 모습이 눈에 선하다.

나이 지긋한 분들은 어린 시절 밥 짓고 남은 아궁이 잔불에 감자 구워 먹던 경험을 갖고 있을 것이다. 그렇기에 사방이 높은 산으로 가로막힌 산골동네, 집집마다 굴뚝에서 오르는 밥 짓는 연기가 기압 차로 곧장 솟아올라 흩어지지 못하고 옆으로 깔리는 모습은 구름 속 풍경처럼 아늑하다. 김달진의 〈겨울 아침〉 중 일부를 보자. 반가운 손님을 맞는 것은 까치뿐만이 아니라, 굴뚝에서 길 따라 피어오르는 남빛 연기도 마찬가지임을 알 수 있다.

까치 한 마리 날아와 우는 아침

이 예삐 전해 오는 기별에

환히 밝아 오는 겨울 빛

먼 산간마을에는

반가운 사람 맞이하러

남빛 연기가 길 따라 피어오르고

(후략)

김달진 〈겨울 아침〉 중에서

김달진(1907~1989, 경남 창원)

옛 어른들은 아침에 동네 굴뚝을 살폈다

굴뚝은 일 년 열두 달 온기가 있다. 더운 여름철에도 밥을 짓기 때문이다. 그렇기에 우산 대신 몸에 두르는 도롱이가 비에 젖으면 굴뚝에 둘러서 습기를 제거하고는 하였다. 굴뚝의 기능이 어찌 이 것뿐이랴. 예전에는 아침 굴뚝에 연기가 오르지 않는 집은 양식이 떨어져 굶고 있다는 징표이기에, 춘궁기가 되면 그럴 만한 집의 굴 뚝을 유심히 살피던 어른들도 계셨다.

필자도 어린 시절, 평소와 달리 새벽에 할아버지께서 부르시기 에 나가보니, 들기에 묵직한 자루를 주시며 "저 건너 구 생원 댁에 갖다드려라. 인사 공손히 잘하고 할애비의 심부름이라 전해라" 하 셨다. 그 외에는 어떤 말씀도 없었다. 그것이 절량민의 구휼곡식이 었다는 것은 나이 40이 넘어서야 알게 되었다.

1. 송소고택의 낮은 굴뚝.
ⓒ 관광공사
2. 선교장의 높은 굴뚝.
ⓒ 하늘이 아부지

반세기 전만 하여도 농촌의 아침인사는 "진지 잡수셨슈?"였다. 세계 여러 나라가 "좋은 아침"이 아침인사인데, 얼마나 먹는 것이 절실하였기에 우리 민족은 이런 인사말을 해야 했을까? 하지만 이웃의 먹거리를 걱정하는 가장 따뜻한 인사일 수도 있다. "왜 굶어? 라면 먹으면 되지 않아?" 이렇게 말하는 세대에게 송종찬 시인의 〈저녁 연기〉가 얼마나 가슴에 다가올지 모르나, 집 떠나 객지에 있는 자식이 밥이나 제대로 먹는지 걱정하는 어머니의 마음은 예나 지금이나 변함이 없다.

세상에서 가장 따스한 목소리

옛날 기차는 석탄을 때는 증기기관식이었다. 허연 연기를 뿜으

면서 달려가는 기차를 바라보는 어머니는 밥 짓기 위하여 굴뚝에서 솟는 연기와 오버랩되어, 기차 타고 떠난 아들이 밥이나 굶지 않고 있는지 걱정을 한다. 자식을 위하는 모정이 가는 연기 한 올되어 관절도 없이 산을 넘는다.

1. 담장에 굴뚝을 세우는 왕곡마을의 함문식 가옥의 굴뚝. 하층부에 이방연속무늬를 만들었다.
2. 벽감 밑에 들어선 굴뚝. ⓒ 윤승구
3. 동춘당의 태극굴뚝.
4. 오죽헌의 굴뚝. 위가 넓다.

　　굴뚝을 빠져나온 연기들이
　　날개도 없이 언덕을 넘는다

　　세상에서 가장 따스한 목소리는

흙으로 만든 굴뚝은 비에 씻겨나
가는 것을 방지하기 위해 이엉을
덮었다.

송종찬(1966~, 전남 고흥)
『그리운 막차』, 실천문학사.

대밭 사이로 연기가 지나가는 소리
밥 짓는 냄새가 장독을 깨우고

눈 덮인 초가 뒤로 사라지는 전라선 기차
오늘도 내 새끼 밥 굶지 않았을까

지붕만 남은 강 건너 외딴집
굴뚝 따라
가는 연기 한 올 관절도 없이 산을 넘는다

송종찬 〈저녁 연기〉

자경전 굴뚝은 꽃담을 신하처럼 거느린 여왕의 자태

대전 회덕, 동춘당 태극팔괘굴뚝.
ⓒ이영순 건축사

한민족 고유의 온돌이 출현한 것이 선사시대부터이니, 오늘날 우리가 아름답고 다양한 형태의 굴뚝문화를 갖고 있는 것은 온돌의 종주국으로서 오히려 당연한 것이다.

경복궁 자경전의 굴뚝은 임금의 모후가 거처하는 곳이기에, 치밀한 위치와 형태의 선정으로, 꽃담을 신하처럼 거느린 여왕 같이 자태가 아름다우면서도 위엄이 있다.

왕비의 처소인 교태전은 아미산 화계花階 속에 화려하고도 늠름하게 6각 굴뚝을 만들었다. 꽃밭의 꽃들이 헌헌장부 굴뚝을 에워싸고 사랑의 교태를 부리는 듯하다. 보물 811호인 이 아미산 굴뚝은 붉은 전을 바탕으로 사군자와 십장생도를 양각하고 첨차와 서까래 등 목조양식을 전으로 만들고 기와를 입힌 가장 아름다운 굴뚝으로 4기가 남아 있다. 특히 자경전 굴뚝은 십장생 외에도 다산과 자손의 번성을 뜻하는 포도와 금슬 좋은 원앙새와 연꽃 등 16가지를 만들어 넣었다.

왕의 침소인 강녕전 굴뚝은 여인들의 거처와 달리 그림 대신 벽돌을 사용하여 萬壽無疆(만수무강) 글자를 만들어, 군주의 위엄을 더하는 중후함을 갖고 있다. 이렇듯 궁궐의 굴뚝은 용처에 따라, 성별에 따라 그 디자인과 색깔을 달리하였다.

임금님 침소인 강녕전의 만수무강 명문 굴뚝.

온돌의 나라 한국, 재료 형태 다양한 굴뚝

민간은 궁궐처럼 화려하진 못하나 다양성은 대단하다. 재료도 돌과 기왓장을 황토로 쌓아올린 것부터 벽돌, 옹기, 판재나 통나무 등이 있다. 형태도 남포향교의 굴뚝은 등대 모양이며 백양사는 2층집 모양을 하고 있다.

푸른 문을 지키는 늠름한 장수 같은 경복궁 굴뚝들.

신륵사는 표주박형이요, 어린이의 순박한 얼굴이 나란히 있는 굴뚝도 있다. 마곡사의 굴뚝은 아예 담쟁이넝쿨을 올렸다. 불갑사의 굴뚝은 보살 형상으로 그윽한 미소를 띤 얼굴을 기와장으로 만들었는데, 입과 눈에선 연기가 나온다. 부처님 세계는 굶지 않고 웃을 일밖에 없는 피안이라는 걸 일깨우기 위한 것일까? 백성들이 한문을 알 리 없으니, 서양에서 글 모르는 무지랭이 백성들을 위해 교회에 성화를 그려놓았듯이, 아마도 심지 깊은 스님이 굴뚝에서

자경전 십장생굴뚝. 중앙의 십장생도 외에 나티, 불가사리, 코끼리, 도깨비, 학이 새겨진 전돌이 주변을 호위하고 있다.

도 미륵을 볼 수 있게 만들었을 것이다. 어설퍼서 기대고 싶은 굴뚝이다. 어디 그뿐이랴. 예학의 대가인 동춘당 송준길의 사랑채 굴뚝은 기와로 태극팔괘를 만들어놓았다. 여러 차례 벼슬을 마다한 그의 성품으로 보아 아마 당파를 넘어 상생과 조화를 통해 백성을 이롭게 할 원리를 찾기 위함이 아니었을까?

이러한 굴뚝의 기능은 연기를 잘 빠져나가게 하는 데 있다. 그래서 굴뚝하면 높다란 생각이 떠오르지만, 같은 집에서도 낮은 굴뚝들이 있고, 봉화의 송석헌과 구례 운조루는 아예 굴뚝대가 없다. 이런 것을 맹굴뚝이라 한다.

겨울이면 어머니께서 떠주시던 가마솥의 물 한 바가지

우리네 굴뚝이 이렇게 다채롭고 아름다운 것은 온돌이 있기 때문이며, 온돌은 아궁이로부터 시작된다. 그리고 아궁이에는 위에는 부뚜막이 있고 작든 크든 무쇠솥이 걸려 있었다. 이는 난방과 함께 밥을 하든 국을 끓이든 감자나 고구마를 삶는 일을 동시에 하여 경제성을 높이려 함이었다.

지금처럼 온수를 마음대로 쓸 수 없었던 시절, 겨울이면 어머니께서 떠주시던 가마솥의 물 한 바가지. 그 설설 끓는 물, 대야에 담고 찬물 타서 세수했던 어린 시절을 생각나게 하는 정진규 시인의 시 〈들판의 비인 집이로다〉의 셋째 연을 보자. 지금은 그 따사로운 것 하나도 남지 않고 오직 차가운 술과 함께 혼자일 뿐이라는 시인의 독백이 나에겐 어찌 들리는가?

혼자 있어도 고독하고, 같이 있어도 대화가 단절되어 외롭기는 매한가지라는 현대인들. 모임에서도 대화보다 각자의 휴대폰에 관심을 더 두는 군집 속의 고독한 군상들이 오늘을 사는 우리이다.

그립지 아니한가? 아궁이에 지피어지던 어머니의 불이.

(전략)

어쩌랴, 나는 없어라. 그리운 물, 설설설 끓이고 싶은 한 가마솥의 뜨거운 물 우리네 아궁이에 지피어지던 어머니의 불, 그 잘 마른 삭정이들, 불의 살점들 하나도 없이 오, 어쩌랴, 또다시 나 차가운 한 잔의 술로 더불어 오직 혼자일 따름이로다. 전 재산이로다, 비인 집이로다, 들판의 비인 집이로다. 하늘 가득 머리 풀어 빗줄기만 울고 울

도다

정진규(1939~, 경기 안성)
『들판의 비인집이로다』, 교학사.

정진규 〈들판의 비인 집이로다〉

우리 흐르면서 어디로 간다고

〈들판의 비인 집이로다〉는 '아궁이와 불'을 고독한 현실에 대비
시켰지만 〈살의 노래 2〉는 '서로의 아궁이에 불을 지펴 어둠을 밝
히고 살아가지만, 끝내 몇 알의 사리를 남길 수 있을 것인지'를 긍
구하고 있다. 시인에게 있어서 '사리 같은 낱말'은 지구상에 영원
히 존재할 유명한 시가 될 것이요, 건축가에겐 관광객들이 몰려드
는 유명 건축물이 사리일 것이다. 아니 그런 것 말고 착한 일 하나

암키와와 수키와를 사용한 개심
사의 굴뚝(왼쪽)과 등대를 닮은 남
포향교 명륜당 굴뚝. ⓒ 당진향교
부탁으로 남포향교 제공.(오른쪽)

한 것이 사리 하나일 수도 있다. 각자의 직업에 따라 새벽까지 불 밝히고 처마의 고드름이 피를 뚝뚝 떨구듯 처절하게 살아도 '사리'를 얻기가 어렵기에, 삶의 목적을 되짚어보는 시이다.

사람의 가슴이, 심장이 아궁이가 되는 뜨거운 시를 차가운 머리로 곱씹어 볼 것이다. 나는 지금 어디에 어디쯤 와 있는가? 살아온 길이 후회스럽다면 지금 이 순간 방향을 틀어도 될 것이다. 늦었다고 생각할 때 시작하는 것이 가장 빨리 시작하는 것이라 하지 않는가?

운조루 맹굴뚝. 맹굴뚝이란 굴뚝이 없는 상태를 일컫는 말이다. 축대 사이 틈이 큰 부분이 맹굴뚝이다.

우리 흐르다가

지금

어디쯤에 머물고 있나

흐르다가 머무는 곳이 집이 되고

집들이 모여 마을을 이루고

서로의 아궁이에 불을 지펴

이 땅의 어둠을 밝히고 살아가지만

아, 사랑 때문에 잠들 수 없어

우리 서로의 아궁이에서 타는

이 불꽃,

재를 남기고

끝내 몇 알의 사리 같은 낱말을 남길 수 있으랴

오늘도 불 밝힌 집집마다

밤이 가고 새벽은 오건만

추녀 끝엔 투명한 피를 뚝뚝 떨구는 고드름

미소 가득한 마니산 강화서고 고직이집.

불갑사.

그래

말해봐

우리 흐르면서 어디로 간다고

한광구(1944~, 경기 안성)
『깊고 푸른 중심』, 책만드는집.

한광구 〈살의 노래 2〉

굴뚝의 존재는 온돌에 있다

기왓장과 흙으로 쌓은 위에 오지
관을 올린 제주도 굴뚝. ⓒ 김영식

어린 날 썰매타기, 눈싸움에서 돌아와 할머니의 무릎담요 밑에 손을 넣으면 온돌의 따사로움이 손끝과 발끝을 통하여 온몸에 파도처럼 퍼져 나갔다. 콕콕 찔러 오는 듯한 온기의 파장, 그 쾌감은 더 없이 짜릿하였다. 이 따사로움의 원천인 온돌은 방고래를 만들고 그 위에 구들장을 깐 후 황토를 발라야 완성된다. 온돌에는 불이 아궁이로 다시 나오지 않게 하는 부넘기와, 굴뚝으로 열이 빠져나가지 않게 하는 개자리가 설치되어 있다. 이 때문에 오랫동안 온기를 유지할 수 있다.

가야국 때 만들었다는 지리산 칠불사의 아자방亞字房은 아궁이 속으로 사람이 땔감을 지고 들어가 차곡차곡 쌓은 후 불을 붙이고 아궁이 문을 닫으면 한 달 동안 난방이 된다고 한다.

사람에게 따사로움을 전하기 위하여 구들장이 불에 구워져야 하고, 그때마다 시꺼면 그을음을 뒤집어써야 한다. 이 인고의 구들장에서 최동호 시인은 부처님을 발견한다.

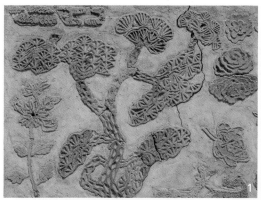

자경전 십장생 굴뚝의 문양들. 1. 십장생 중 소나무. ⓒ 문화재청 2. 나티란 동물로 벽사의 의미가 있다. ⓒ 문화재청 3. 신륵사의 굴뚝. 4. 오죽헌의 높고 낮은 굴뚝. 5. 소쇄원 굴뚝. 낮지만 건물보다 높은 축대 위에 있다. 6. 의성 산운마을 소우당. 뜰 앞의 낮은 굴뚝.

구들장은 부처님이다

대이리 굴피집의 우등불. 이범석
장군 우등불.

인기척에 놀라 단풍잎 휘날리는 가을

망월사 앞마당

구들장을 뒤집어 불의 혀를 말리고 있었다

생솔가지 지피며 눈물 감추던 겨울

돌의 숨결에

침묵의 먹을 갈던 구들장 돌부처

홀연히 그가 밟고 간 먹구름 뒤의

천둥소리

환한 절 마당에 작파해버린 경전들

지옥의 유황불 치달린 가을 말발굽

망월사 앞마당

구들장을 뒤집어 바람의 머리칼을 말리고 있다.

최동호(1948~, 경기 수원)
『불꽃비단벌레』, 서정시학.

최동호 〈구들장〉

　　〈구들장〉의 부처님을 보자니 어렸을 적 우리 집 고양이 생각이
난다. 늘 따스한 아랫목을 차지하던 고양이가 방 안에 똥을 싸거나
생선 등을 멋대로 훔쳐 먹으면 할머니는 방 밖으로 쫓아내었다. 그
러면 가 있는 곳이 부뚜막이나 아궁이 속이었다. 아침밥을 짓기 위

해 불쏘시개 넣으려면 수염까지 거슬리고 재를 뒤집어쓴 채 황급히 달려 나오던 고양이였다.

큰 키로 내려다보는 건방진 자식

이제 굴뚝으로 다시 돌아가 보자. 요즈음은 시골에서도 기름보일러와 가스를 사용하기에 굴뚝 연기를 볼 수 없고, 공업도시를 제외하면 대도시는 열병합발전소의 그림이 그려진 굴뚝이 있을 뿐이다. 하지만 산업화가 미진했던 일제강점기에 도시 근처의 큰 공장에 우뚝 솟은 굴뚝은 도시의 이정표 구실도 하는 특이한 존재였다.

김기림은 우뚝 솟은 공장 굴뚝을 보면서 "큰 키로 내려다보는 건방진 자식"이라 욕하면서도 멋쟁이로 결론 내는 시를 쓰기도 했다.

쌍백당 툇마루 밑에 있는 낮은 굴뚝. 양진당에도 이런 굴뚝이 있다.
ⓒ우종태 건축사

모딜리아니의 슬픈 목

어재연 장군 생가의 앙증스런 굴뚝. 지붕은 초가인데 굴뚝은 무너지지 않게 돌을 강회를 사용하였다. ⓒ 대한건축사협회, 『민가건축』

박정희 대통령으로부터 시작된 경제개발 계획은 한국을 전후 최극빈국에서 세계 10대 무역국으로 탈바꿈시켰다. 단군 이래 가장 잘산다는 지금, 그러나 국민소득 증가에 따른 노동자의 임금 상승은 공장의 해외 이전을 가져왔다. 고용의 유연성이 없다고 사주들은 불평이고 노동자들은 강경노조를 만들어 투쟁을 강화하였다. 고도성장의 근저에는 이런 아픔들이 깔려있다.

공장 굴뚝이 연기를 뿜을 때 근로자들은 행복하였다. 굴뚝을 하늘처럼 믿었다. 그러나 공장이 문 닫아 이제 연기 날 리 없는 굴뚝은 자신을 믿었던 근로자들이 미안하여 쓰러져 눕고 싶다고 절규한다.

지금 이 땅에는 외국인 노동자들이 3D 직업에 종사하고 있다. 2060년에는 세계 2위의 노령국가가 된다고 한다. 아래의 마지막 시는 잊힐수록 좋을 것인데, 그것은 오직 희망에 지나지 않을 것 같다.

　　모딜리아니의 슬픈 목
　　아니, 오지 않는 그 무엇을 기다리는
　　수도승의 목
　　그맬 하늘처럼 믿고
　　목을 매다는,
　　어리석은 나의 목

눈을 감고
텅 빈 지붕 위에 꼿꼿이 서 있다
저문 하늘로
쿵, 쓰러져 눕고 싶은
문 닫은 공장의 쓸쓸한 굴뚝

마경덕 〈굴뚝〉

마경덕(1954~, 전남 여수)
「신발論」, 문학의전당.

석파정의 담장. 돌과 회벽이 표범무늬 같다. 벽 위의 기와
지붕도 모두 곡선으로 끝이 올라갔다.

담장과
울타리

"돌담에 속삭이는 햇발 같이 / 풀 아래 웃음 짓는 샘물같이 내 마음 고요히 고운 봄 길 위에 / 오늘 하루 하늘을 우러르고 싶다"*는 영랑의 시는 향수를 불러온다. 하지만 이 시가 교과서에 실렸던 1960년대, 서울 주택가의 담장에는 도둑을 막기 위한 유리조각들이 빼곡하였다. 이런 삭막한 서울에서 화강석을 사고석으로 만들어 쌓은 덕수궁 돌담길은 은행나무와 함께 연인들의 단골 데이트 코스였다. 하지만 시인들은 규격에 맞춘 높은 궁궐 담을 시로 만들지 않았다. 주변에 있는 돌을 주워 다 자연스럽게 쌓은 돌담을 선호하였다. 그중에도 자질구레한 돌로 쌓은 담을 본말 담이라 하는데, 이 담은 서민들의 것이기에 흔하고 정겨울 수밖에 없다.

* 김영랑(1930~1950, 전남 강진), 〈돌담이 속삭이는 햇발〉.

　그곳에는

양동마을 토석담 위에 핀 능소화.
ⓒ 박무귀 건축사

줄어들지 않는 고요를

동그랗게 쌓아놓고

비둘기 울음도 잿빛으로

허물어지지 않게 쌓아놓고

따사로운 봄 햇빛을

도랑물처럼 그 사이로 흐르게 하고

권태로우면

꿩 소리에 맞춰 담장 밑 풀포기들도

뭉텅 뭉텅 자라게 하고

그 곳 돌담은

한사코 그런 옛날만 고집하다가

쓸쓸함으로 한 번 더 허물어지게 되고

그예 내 추억의 발등은 또

아프게

까무러치도록 깨지게 되고 …….

김영남 〈분토리 옛 돌담〉

김영남(1957~, 전남 장흥)
『가을 파로호』, 문학과지성사.

돌담에 기대어 지나간 시간을 되돌아봅니다

돌 사이를 석회나 진흙으로 메꾸며 쌓은 담도 돌담이라 하지만 온전한 의미에서 돌담은 큰 돌 사이를 작은 돌로 메우며 돌만으로 쌓은 것이어야 한다. 이런 돌담에서 발길에 차일 정도의 작은 돌멩이는 별 볼일 없을 거라 생각하지만 김기홍의 시를 보면 깨닫는 바 크다.

세상은 잘난 사람과 못난 사람이 있어야 살아갈 수 있다. 모두 잘난 화이트칼라 족만 세상에 존재한다면 농사는 누가 짓고, 청소는 누가하며 자동차 조립은 누가 할 것인가? 사람의 직업 중 그 어느 것도 소중하지 않은 것은 없다.

자질구레한 돌로 쌓은 돌담. 이를 본말담이라 한다

발길에 걸리는 모난 돌멩이라고

마음대로 차지 마라.

그대는 담을 쌓아 보았는가

큰 돌 기운 곳 작은 돌이

둥근 것 모난 돌이

낮은 것 두꺼운 돌이

받치고 틈 메워 균형 잡은 세상

뒹구는 돌이라고 마음대로 굴리지마라
돌담을 쌓다 보면 알게 되리니
저마다 누군가에게 소중하지 않은 이 하나도 없음을.

김기홍(전남 순천)
『슬픈 희망』, 갈무리.

김기홍 〈돌담〉

발길에 걸리는 모난 돌멩이라고 마음대로 차지 마라

한국에는 돌담보다 흔한 것이 토담이다. 돌담은 주변에 돌을 구하기가 쉬워어야만 가능한 것으로, 대부분 농촌에서는 돌 구하기가 어려워 대부분 토담을 만들었다. 토담을 만들 때는 황토에 모래를 섞고 볏짚을 여물과 같이 썰어 넣은 후 물로 개서 거푸집에 넣고 다지기를 하는데, 이때 드문드문 돌을 넣기도 한다. 또한 거푸집이 없을 땐 대문짝을 떼어다 쓰기도 한다. 굳어지면 거푸집을 떼고 볏짚으로 이엉을 해 덮었다. 그러나 이러한 토담은 이제 찾아보기 힘들게 되었다. 돌담과 달리 토담은 비 등 습기에 매우 약하여 매년 봄과 가을로 파인 곳 등을 토맥질*해야 하는 번거로움이 따르기 때문에 관리하기 쉽고 간편한 벽돌담이 이를 대체한 지 오래다.

*토담의 흙이 패인 곳이나 금이 간 부분에 반죽한 흙으로 메꾸는 일.

일석삼조-石三鳥의 제주 돌담

돌담에 대한 향수는 요즈음 유행하는 힐링과 더불어 계속 증가하고 있다. 돌담은 전국에 산재하지만 거창 동호리, 성주 한개마을, 아산 외암마을, 청산도 등이 유명하다. 특히 경남 고성군 학동의 돌담은 납작 돌을 황토를 접착제로 하여 쌓은 특이한 형태로 문화재로 지정되었다. 또 충남 부여 반교리의 돌담은 제주처럼 낮게 쌓아 놓았다. 그러나 도 전체가 돌담인 곳은 화산섬인 제주도뿐이다.

제주도는 담장뿐 아니라 밭이나 과수원 등의 경계도 모두 돌담이다. 먹고 살기 위해 개간을 하다 보니 자연히 돌을 밖으로 내다

1. 심수정의 전망을 위해 낮게 쌓은 담장.
2. 성곽에 기대어 자연석으로만 쌓은 낙안읍성 농가의 돌담.
3. 막돌로 쌓은 청룡사의 담장. 부드러운 곡선으로 쌓았다.
4. 큰돌과 작은 돌이 어울려 견고하게 쌓은 화엄사 돌담.

눈 쌓인 제주 돌담. ⓒ 김영식 건
축사

버려야 하는데, 이를 쌓아놓은 곳이 자연스레 밭의 경계가 되어 서
로 다툼이 없어지며 마소의 출입도 막고 바람도 막는 일석삼조의
역할을 하게 된 것이다. 한국에는 이렇게 자연스레 만든 돌담 외에
도 아름다운 담들이 많다.

경복궁 자경전은 담과 함께 만든 굴뚝의 십장생도가 보물로 지
정되어 있으며, 붉고 검은 조형전과 석회를 사용하여 만수萬壽 등
문자문과 격자문, 육각문을 만들고 오얏꽃, 매화, 천도天桃, 모란,
대나무, 나비, 연꽃 등을 화려하게 장식한 꽃담을 만들었다. 그 외
에도 기왓장을 사용한 토담, 화강석을 네모나게 만든 사고석을 이
용한 석담, 통나무를 섞어 쌓은 담의 조형미가 뛰어나다.

삶과 죽음, 두두물물이 두루 하나인 것만 같아서

도동서원의 다듬돌 돌 쌓기.

담의 종류와 형태는 다양하다. 흙으로 담을 쌓되 기왓장을 켜로
넣거나 돌을 듬성듬성 넣기도 하는데, 이때 기왓장을 가지고 다양
한 문양을 구사한다. 배운 것 없고 가진 것 없는 할머니지만 돈독
한 신심은 대웅전 부처님께 배례하기 전부터 시작된다. 기왓장 넣
고 쌓은 쌍계사 토담의 꽃문양에서도 부처를 보고 있지 않은가. 식
자識者들은 비웃을지 모른다. 하지만 불교의 실상론實相論은 우리가
유有라고 여기는 우주 만물 두두물물頭頭物物이 모두 가유假有라고
한다. 그렇다면 꽃모양을 한 담벼락 기왓장이나 금물 입힌 석가모
니불이나 어차피 마찬가지 아닌가.

일주문 지나 오른편 언덕에
몇 백 년 묵은 아름드리나무가
묵선에 든 듯 바위 위에 앉아 자라는 것과
대웅전 옆 토담
그 토담 속에 박힌 기와 몇 장이
꽃잎 모양으로 꽃핀 것과
아무런 관련이 없는 듯은 하여도

풍찬노숙風餐露宿 팍팍한 노구를 끌고 와
죽어서의 일까지로 머릿속에 왁자한 할매 한 분
대웅전에 들지 않고도
연신 거기에 합장하는 것을 보면
저 나무 하나도 부처만 다워서
저 기와꽃 한 송이도 조사祖師만 다워서

그 노파도 보살만 다워서
삶과 죽음, 두두물물頭頭物物이
한마당 안에서 고요로히 화해하는 것만 같아서
두루 하나인 것만 같아서

복효근 〈쌍계사에서〉

쌍계사 토담 속에 핀 꽃.

복효근(1962~, 전북 남원)
『누우떼가 강을 건너는 법』, 문학
과경계.

어머니를 기다리던 담, 어머니가 기다리는 담

1. 경복궁 꽃담.
2. 보탑사 연꽃담.
3. 청도 운강고택 길(吉) 귀갑문 담.
4. 자경전 꽃담문양.

담 중에서 가장 높은 담, 넘을 수 없는 담이 교도소 담장이다. 어릴 적에는 자식이 담 넘어 바라보며 어머니 오기를 기다렸는데, 성장해서는 수인(囚人)의 몸이 되어 교도소 붉은 벽돌담에서 어머니가 자식을 기다리고 있다. 유신 반대에 잡혀 갔는지, 군부 독재에 항거했는지 아니면 이념 문제일지도 모른다. 죄목이 무엇이든 교도소에 있는 자식이 파렴치범은 아닌 것 같다. 자식에게 희망을 걸었던 어머니의 현실, 그리도 상반된 담이 가슴을 아리게 한다.

길고 긴 여름 한철 해는 너무 뜨거워

개들은 혀 빼물고 씩씩거리고

허기진 배 이기지 못해

길가에 핀 아무 풀잎사귀나 뜯어먹으며

먼지 이는 신작로 터벅터벅 혼자 왔다

녹슨 양철 지붕의 문간방

이 앙다문 자물통 졸고 있는

손바닥만 한 툇마루에 책보 던져놓고

허물어진 흙담벼락에 기대어

어머니는 왜 안 오시나

흙 한줌 우적우적 씹던 그날

추운 겨울 어머니 하나

튼튼한 벽돌담 아래 서 있네

옆구리에 낀 보퉁이 빼앗아가려는 듯

바람은 칼날 품고 달려드는데

붉은 벽돌담 아래 어머니 조그맣게 떨며 서 있네

아들이 곧 나올 거라고

남보다 추위를 더 탄다고

두꺼운 내의 한 벌 사오려고 이렇게 늦었다고

어머니 벽돌담 아래 울며 서 있네

붉은 벽돌담에 기대어 상기도 기다리네

박해석 〈담벼락 이야기〉

박해석(1950~, 전북 전주)
『눈물은 어떻게 단련되는가』, 문학동네.

기왓장을 이용해 리드미컬하게
쌓은 담장.

거만한 벽은 끝까지 벽만 보여 준다

교도소의 담만큼은 아니어도 높이 쌓은 담은 성북동 부자동네에
도 있다. 원래 산악지형으로 길을 내다 보니 자연히 담이 높아질
수밖에 없지만 부자일수록, 고관대작의 집일수록 담이 높은 건 예
부터 있어온 일이다. 원래 담은 동물과 도둑으로부터 집안의 가족
과 가축을 보호하기 위해 만들어진 것이니 당연한 일이다. 하지만
국민의 반 이상이 아파트 등 공동주택에 살 정도로 주거문화가 바
뀌어버린 요즈음 서울 등 대도시의 아파트 담장은 나지막한 투시
형 담장이 대부분이며, 다세대, 다가구주택에서 주차장 확보 때문
에 아예 담장이 없다. 무인경비시스템이 현대의 담장인 셈이다. 마
경덕의 "벽은 벽끼리 논다"는 시어가 매섭다. 이 동네의 주인은 높

은 담이다

세콤이나 캡스를 달고 낯선 방문자를 가려낸다, 드디어 담도 사람처럼 생각을 갖게 된 것. 생각이 늘어나자 불안이 담을 쌓고 문을 걸었다, 城처럼 우뚝한, 담은 이제 벽이다, 벽은 길을 지우고 세상을 지우고 골목길 야채를 파는 리어카와 떨이를 외치던 생선장수를 밀어내고 제 키보다 높은 지붕을 끌어내렸다. 벽뿐인 동네는 벽끼리 논다. 벽끼리 금을 긋고 등을 지고 건너편 벽의 뒤통수를 물끄러미 바라본다.

컹컹, 개 짖는 소리만 벽을 타고 넘는다, 담 높은 집의 힘센 개들은 오줌을 갈기며 골목을 쏘다니는 똥개처럼 담 밖으로 나올 수 없다, 높아서 더 불안한, 거만한 벽은 끝까지 벽만 보여준다.

마경덕 〈성북동 가는 길〉

마경덕(1954~, 전남 여수)
『신발論』, 문학의전당.

담장 넘어 열린 감 열매와 오성 이항복 이야기

이토록 거만하기만 한 담장도 담쟁이에겐 삶의 터전이다. 담장의 낭만 중에는 돌담이나 빨간 벽돌담을 타고 올라 푸르름으로 담의 색깔을 바꿔놓는 담쟁이를 빼놓을 수 없다. 이런 담쟁이는 수직의 벽을 타고 위로 올라가는 끈질긴 생명력 때문에 강상기, 정연복, 김광규, 도종환, 최동호 등 수많은 시인들이 시의 소재로 삼고

건물에 붙은 부분은 건물과 유사하게 큰 화강석과 사고석을 쓰고 위에는 전돌을 사용하여 급격하게 낮고 색상이 달라지는 담장 사이에서 완충 작용을 하였다. 이어서 한층 낮게 만든 긴 담장은 붉은 벽돌을 이용하여 수복강녕 등 글자와 문양을 넣었다. 운현궁담장.

있다. 권대웅도 담쟁이를 그 자리를 버티고 승진하기 위해 사력을 다해 붙어서 기어오르는 인간 담쟁이로 의인화하였다.

예나 지금이나 담장은 이웃집과 경계에 있다. 먼저 집을 지은 사람이 담을 쌓으면 후에 집을 짓는 사람은 담을 쌓을 필요 없이 이웃 담으로 내 담을 삼는다. 담을 공유하는 것은 불편한 점이 없는데, 문제는 과일을 맺는 나무에서 발생하기도 한다.

오성 이항복의 집 감나무가 옆집의 세도가 우찬성 권철 대감댁 담 안으로 가지를 뻗쳐, 감이 주렁주렁 열렸다. 하인들이 이를 따려 하자, 권대감댁 하인들이 주인의 세도를 믿고 못 따게 하였다. 당시 여덟 살 된 이항복은 권대감 뵙기를 청하였다. 대감이 허락하자마자 이항복은 무례하게도 권대감 사랑방 창호지 문을 뚫고 손을 쑥 집어넣으면서 "이것은 누구의 팔입니까?"라고 여쭈었다. 깜

짝 놀란 권대감이 "너의 팔이지"라고 답하자, "그럼 대감님 댁으로 넘어온 감나무는 누구의 것입니까"라고 물었다.

　권대감은 그제야 이 아이가 찾아온 이유를 깨닫고, 하인들의 잘못에 용서를 구하였고, 감을 모두 따가게 하였다. 이후 이러한 기지와 재능을 눈여겨본 권대감은 그를 손녀사위로 맞았다. 그의 장인은 임진왜란 때 도원수를 지내고 행주대첩을 이끈 권율 장군이다. 이런 기지가 임진왜란을 극복하고 영의정까지 오르게 하였으며 '오성과 한음'의 일화들을 낳게 하였다. 그런데 지금도 이런 고민들이 계속되고 있다.

주변의 화산석으로 쌓은 제주 돌담. 돌 사이의 공간으로 거센 바닷바람이 통과한다.
ⓒ 김영식 건축사

아래층 감나무가 2층으로 올라올 때

　앞뜰에 심은 이웃집 감나무가 울타리를 넘어오는 일은 시골에서는 흔히 있는 일이다. 흔하디 흔한 감을 가지고 넘어온 감이 네 것이냐 내 것이냐를 따질 일도 없다. 그러나 도시에서는 다르다. 익을 대로 익은 탐스런 홍시를 남의 것인 줄 알면서도 따먹을 것인가 말 것인가를 고민하게 된다.

　안도현 시인은 울타리를 넘어온 이웃집 감나무 가지에 열린 홍시를 두고, '따 먹을 것인가 말 것인가'가 가족끼리도 의견이 갈리고, 감나무 주인은 옆집이 '따 먹었나 안 따 먹었나' 이웃집과 은근한 신경전이 벌어지는 광경을 진솔하게 시로 표현하고 있는데, 이제는 수평 관계가 아닌 아파트 정원에 심겨진 감나무와 홍시의 수직 관계에 관한 시도 나올 때가 된 것 같다. 전 국민의 절반 이상이

아파트 3층 창문 앞의 감이 먹음직스럽다.

아파트에 사는 현실 때문이다.

아파트의 1층은 남들에게 보여진다는 단점이 있어 값도 싸고 기피의 대상이었지만 요즈음은 자신만의 정원을 꾸밀 수 있어 찾는 사람이 늘어나고 있다. 1층 정원에는 유실수도 심는데 그 주종이 감나무이다. 그런데 그 감나무는 3~4층까지 자라고 감이 풍성하게 열리는 곳도 1층이 아니고 2층이나 3층이 된다. 창문까지 닿아서 붉게 익은 홍시는 유혹의 대상이 아닐 수 없다. 공짜로 먹을 수 있다는 심리보다는 싱그런 과일을 먹고 싶은 감정 때문이다. 평소에는 삶이 바빠 잊고 지내다 청명한 가을 휴일에 바람과 함께 창문을 노크하는 홍시를 보면, 완상하고픈 마음과 한 개쯤 따서 한입 가득 넣고 싶은 마음이 갈등을 빚어내기 마련이다.

가지가 담을 넘을 때

송광사 외벽담.

양쪽 집 사람들을 고민하게 만들었던 감나무 가지의 월담은 가지 혼자만의 결단이었을까, 아니면 뿌리의 지원이나 혼연일체의 결과일까?

안도현 시인이 인간의 관점에서 결과에 대한 고민을 시로 승화시켰다면 정끝별 시인의 〈가지가 담을 넘을 때〉는 나무의 지체들인 뿌리와 꽃과 잎과 가지 등 나무가 주체가 되어 만든 시이다.

옛날 궁궐 짓는 재목을 벌채하려면 나무 앞에 제단을 차려놓고 제를 올렸다고 한다. 그런 것이 아닐지라도 나무에게도 감정이 있음이 속속 밝혀지고 있다. 사고의 전환을 가져오게 하는 시이다.

이를테면 수양의 늘어진 가지가 담을 넘을 때

그건 수양가지만의 일은 아니었을 것이다

얼굴 한번 못 마주친 애먼 뿌리와

잠시 살 붙였다 적막히 손을 터는 꽃과 잎이

혼연일체 믿어주지 않았다면

가지 혼자서는 한없이 떨기만 했을 것이다

(중략)

무엇보다 가지의 마음을 머뭇 세우고

담 밖을 가둬두는

저 금단의 담이 아니었으면

담의 몸을 가로지르고 담의 정수리를 타 넘어

담을 열 수 있다는 걸

수양의 늘어진 가지는 꿈도 꾸지 못했을 것이다

그러니까 목련 가지라든가 감나무 가지라든가

줄장미 줄기라든가 담쟁이 줄기라든가

가지가 담을 넘을 때 가지에게 담은

무명에 획을 긋는

도박이자 도반이었을 것이다

정끝별 〈가지가 담을 넘을 때〉 중에서

담을 넘은 가지는 뿌리의 지시를
받았을까? ⓒ 조상연 건축사

정끝별(1964~, 전남 나주)
『삼천갑자 복사빛』, 민음사.

1. 석파정 외곽담. 경계일 뿐 집의 조망을 막지 않는다.
2. 선암사. 담 뒤에 담이 보인다.
3. 도동서원.
4. 화강석 기단 위에 흙과 기와로 쌓은 신륵사 담.

소박한 고향의 정겨움에는 담과 같은 울타리가 있다. 초가삼간 작은 집들은 토담조차 어려워 울타리로 방문을 가리고 사립문으로 대문을 삼았다. 작은 나뭇가지를 엮어 만든 울타리는 굽바자, 갯버들 가지로 역은 것은 개바자인데, 밭 둘레에 개가 들어가지 못하도록 야트막하게 만들어 두르는 울타리도 개바자이다.

나무를 베어 만든 담을 울타리라 하고, 나무를 심어 만든 것을 산울타리라고 한다. 산울타리는 가시가 있는 탱자나무나 상록수인 측백나무 등이 많이 쓰이는데, 흔히 부르는 생울타리는 잘못된 말이다.

가시나무 울타리라면 거의 탱자나무이다. 탱자나무는 가시가 있어 도둑을 막는 데 안성맞춤이며 바람이 통하고 밖을 볼 수 있는 장점을 가지고 있다. 나이 든 세대라면 어쩌면 한 번쯤 겪어본 짝사랑의 가슴앓이가 이 속에 있다.

보일락 말락, 탱자잎사귀들이 그렇게 원망스럽던 것을

탱자나무 생울타리 그것은
아주 안 보여주지는 않고
다 보여주지도 않아서
그 가시나 낮달 같은 얼굴이 보일락 말락
탱자잎사귀들이 그렇게 원망스럽던 것을
세수 소리보다 작게는 우물가에서 들려오는
차박차박 물 붓는 소리

탱자나무울타리 부석사.
ⓒ 자하미

초승달이었던가 잠깐씩 구름을 벗어난 사이

푸르스름하게 비쳐오던 것은 막 맺혀드는 탱자알이었을까

막 부풀어오른 젖가슴이었을까

겨울은 차박차박 물 붓는 소리도 없이

탱자울 가지에 분분한 새소리뿐

나이만 먹고 밤은 길었다

기다림이 찌그러든 탱자 알 같은 봄날

접어버린 쪽지편지가

탱사가시 사이에 찢겨져서

낱낱이 찢겨져서 하얗게 탱자 꽃이 피고

나만 보면 앵돌아진 탱자 꽃 아프게 피고

탱자나무 생울타리,

그것은 아주 안 보여주지도 않고

다 보여주지도 않아서

아직도 뉘집 생울타리가를 지나면

뒤에 숨어 뒷물하는 그 가시나

하냥 그립다

복효근(1962~, 전북 남원)
『마늘촛불』『따뜻한 외면』.

복효근 〈탱자나무 생울타리 지날 때〉

가시나무 울타리에 걸린 달빛 한 채

담과 울타리는 집과 밖의 경계로서 존재한다. 그렇지만 묘한 차

이가 낱말 속에 있고, 실제로 존재한다. 담 하면 막힘이 떠오른다. 하지만 울타리에는 위의 시처럼 밖에서 안을 들여다볼 수도 있고, 안에서 밖을 볼 수도 있다. 바람이 지나가기도 하고 닭이 병아리를 이끌고 드나들기도 한다. 막았지만 아주 막힌 것이 아닌 상통하는 것이 울타리이다. 울타리는 참새들의 놀이터이고 달빛 한 채가 걸리기도 한다.

가시나무 울타리에 달빛 한 채 걸려 있습니다
마음이 또 생각 끝에 저뭅니다
망초꽃까지 다 피어나
들판 한 쪽이 기울 것 같은 보름밤입니다
달빛이 너무 환해서
나는 그만 어둠을 내려놓았습니다
둥글게 살지 못한 사람들이
달보고 자꾸 절을 합니다
바라보는 것이 바라는 만큼이나 간절합니다

무엇엔가 찔려본 사람들은 알 것입니다

달도 때로 빛이 꺾인다는 것을

한 달도 반 꺾이면 보름이듯이

꺾어지는 것은 무릎이 아니라 마음입니다

마음을 들고 달빛 아래 섰습니다

들숨 속으로 들어온 달이

마음 속에 떴습니다

달빛이 가시나무 울타리를 넘어설 무렵

마음은 빌써 보름달입니다

천양희(1942~, 부산)
『너무 많은 입』, 창비.   천양희 〈마음의 달〉

"무엇엔가 찔려본 사람들은 알 것입니다 / 달도 때로 빛이 꺾인
다는 것을 / 한 달도 반 꺾이면 보름이듯이 / 꺾어지는 것은 무릎
이 아니라 마음입니다"라고, 가시나무 울타리에 뜬 달을 보며 써
내려간 시인은 "마음이 화두가 된 여러 해 동안, 보름달과 하늘과
바다 같은 경계 없는 것들이 내 길이 되어주었다. 그때서야 마음이
나를 끌고 가고 세상을 끌고 간다는 것을 겨우 알 수 있었다."면서
"이제는 마음이 몸의 유배지가 되지 않기를" 바라고 있다.

마음가짐이 얼마나 중요한 것인가. 새삼 말할 필요도 없지만 물
질문명으로 배금사상에 찌들어 정신이 나약해져가는 젊은이들의
마음에 보름달이 뜨게 할 수 없을까.

시골집 담장을 허물고 나는 큰 고을의 영주가 되었다

담은 집과 밖의 경계로서 동물이나 낯선 사람들로부터 침입을 막기 위해 돌이나 흙, 벽돌 따위로 쌓아올린 것이다. 그러하기에 길갓집을 빼고는 규모가 작든 크든 울타리를 치거나 담을 쌓았다. 이러한 담은 집과 그 속의 사람들을 보호한다. 이렇게 필요에 의해 부모가 쌓은 담을 역설적이게도 헐어버린 공광규는 〈담장을 허물다〉란 시를 통해 이렇게 운을 뗀다.

단풍 꽃이 핀 담쟁이넝쿨. 생울타리가 아닌데도 여름에는 푸르름을 가을에는 아름다운 색깔의 향연을 베푼다. ⓒ 이민주

"고향에 돌아와 오래된 담장을 허물었다
기울어진 담을 무너뜨리고 삐걱거리는 대문을 떼어냈다
담장 없는 집이 되었다 / 눈이 시원해졌다"
그리고 나서 달라진 광경을 아래와 같이 밝힌다.

"우선 텃밭 육백평이 정원으로 들어오고
텃밭 아래 사는 백살된 느티나무가 아래 둥치째 들어왔다
느티나무가 그늘 수십 평과 까치집 세 채를 가지고 들어왔다
나뭇가지에 매달린 벌레와 새 소리가 들어오고
잎사귀들이 사귀는 소리가 어머니 무릎 위에서 듣던 마른 귀지
소리를 내며 들어왔다"

그뿐 아니라 "하루 낮에는 노루가 이틀 저녁엔 멧돼지가 그리고 겨울에는 토끼가 찾아오고, 연못에 담긴 연꽃과 구름과 해와 별들이 모두 내 소유"라는데 뿌듯함을 느낀다. 여기까지는 인공의 담장

양동 소호헌 사랑채. 한옥의 담은 낮고 누마루는 높아 사랑에서는 앞이 트여 있었다. 앞산을 내 집 정원으로 삼는 차경(借景)기법도 그래서 가능하였다.
ⓒ 대한건축사협회, 『민가건축』

을 헐어버린 후 자연과 벗하는 무위자연無爲自然을 엿볼 수 있다. 그런데 시는 내려갈수록 스케일이 커진다.

"금강으로 흘러가는 냇물과 냇물이 좌우로 거느린 논 수십만 마지기와 / 사방 푸른빛이 흘러내리는 월산과 청태산까지 나의 소유가 되었다"란 구절들에서는 시인의 호연지기浩然之氣를 엿볼 수 있다. 그는 계속 응석 같은 욕심을 부린다.

"마루에 올라서면 보령 땅에서 솟아오른 오서산 봉우리가 가물가물 보이는데 / 나중에 보령의 영주와 막걸리 마시며 소유권을 다투어볼 참이다"라며, 주변의 시장 군수와 영지領地를 다투는데, "오서산을 내놓기 싫으면 딸이라도 내놓으라고 협박할 생각이다 / 그것도 안 들어주면 하늘에 울타리를 쳐서 / 보령 쪽으로 흘러가는 구름과 해와 달과 별과 은하수를 멈추게 할 것이다"라고 애교스런 협박과 엄포까지 놓는다.

부모가 돌아가시면 고향집은 십중팔구 빈집이 된다. 놔두면 곧바로 폐가가 되는 애물단지 때문에 이를 물려받은 큰아들은 고민을 한다. 팔 수도 없고 버릴 수도 없는 고향집을 시인은 "공시가격 구백만 원짜리 기울어가는 시골 흙집 담장을 허물고 나서 / 나는 큰 고을의 영주가 되었다"고 흐뭇해한다.

중국인들은 담을 쌓은 후 집을 짓는다. 담 속에 세상을 다 담는다. 수많은 문들로 분할하여 연못과 괴석 기화요초를 만들고 심는다. 그와 반대로 한국인들은 집을 다 지은 다음 마지막으로 담을 치되 높지 않게 쌓아서 주변의 풍광을 집 안으로 끌어들이는 차경을 한다.

담장은 보호역할이라는 긍정적 기능과 함께 외부와 차단이라는 부정적 요소가 있음도 알아야 한다. 이 시를 통하여 자성해보자. 우리는 마음의 담장을 얼마나 높게 쌓아놓고 있는가? 스스로 담장 속에 갇혀있지는 않는가?

괴송 한 그루를 통해 앞산이 보인다. 하회 북촌댁. ⓒ 관광공사

마당과 장독대
그리고 뜰과 정원

한옥의 마당은 어느 집에나 있다. 규모가 큰 ㄷ자나 ㅁ자 집에는 안마당과 바깥마당이 있고, 한 채로 이루어진 초가삼간 작은 집에도 작든 크든 마당이 하나는 있게 마련이다. 안마당은 여자들의 공간이지만 하나밖에 없는 마당은 온 가족의 작업공간이며 휴식공간이기도 하다. 집에는 마당 외에 뜰도 있다. 집에 붙은 자그마한 빈터를 뜰이라 하는데, 이곳에는 꽃을 심기도 하고, 장독대를 두기도 하며, 텃밭 삼아 채소를 가꾸기도 한다. 뒤꼍은 뒤뜰과 뒷마당을 통틀어 일컫는 말이고, 실뒤는 집을 짓고 남은 좁은 뒤뜰, 뒤란은 집 뒤의 울안을 가리킨다.

마당은 아이들에게는 놀이공간이지만 기본적으로 작업공간이다.

1. 연꽃이 만발한 선교장 활래정
의 연당. ⓒ 하늘이아부지
2. 명재고택의 월지. 월지에선 나
무와 달과 잉어떼도 볼 수 있다.
ⓒ 명재고택 사진첩

뒤란, 뒤뜰, 실뒤, 울안

상류주택에는 이러한 마당 외에 후원을 두어 아녀자들이나 가족
의 휴식처로 삼았으며 사랑의 누마루 앞에는 못을 파고 정원을 꾸
미기도 하였다. 후대에 들어와 괴석을 놓고 구부러진 소나무를 심
는 등 화려하게 꾸미기도 하였으니 대체적으로 이러한 정원은 화
려하지 않았다. 나무 한 그루 사랑채 마당가에 심어 앞산의 나무들
을 끌어오는 차경과 봄부터 가을까지 꽃을 계속 볼 수 있을 정도로
하였다. 또 감, 살구, 대추 등 과실수를 한두 그루씩 심었으며 우물
가에는 앵두나무 등 우물물에 기생하는 벌레가 싫어하는 나무를
심었다. 집 밖에는 키 큰 나무를 심었으나 안마당에는 지붕 높이보
다 더 큰 나무는 심지 않았다. 나무는 전지하지 않고 자연대로 두
었다. 요즈음 고택을 가보면 마당에 잔디를 많이 심었는데 이는 근
래 후손들이 한 것으로 예전에는 백토를 깔아 빛이 집안으로 많이
들어오게 하였다. 박석을 깔 때에만 박석과 박석 사이에 잔디를 심
었다.

우주를 집 안으로 끌어들인 못池의 조경

못은 네모나게 파고 가운데에 둥근 섬을 만들었다. 천원지방天圓地方, 즉 하늘은 둥글고 땅은 네모졌다는 것을 이렇게 표현하여 우주를 집 안에 끌어들인 것이다. 못은 연을 심은 연당蓮塘과 연이 없는 월지月池로 나누었다. 진흙 속에서도 곧고 그 향이 멀수록 맑은 연꽃을 감상하기 위한 것은 연당이요, 물만 있는 못에 비친 달과 그 속을 노니는 잉어떼 그리고 물그림자를 완상하기 위한 것이 월지이다. 이는 연꽃으로부터 선비의 곧은 마음을 다지고, 고기가 용이 되어 출세하는 어변성룡魚變成龍*의 꿈을 꾸기 위함이었다. 이러한 못은 양어의 기능도 함께하였는데, 부유한 사람들은 집에 가까우며 경치가 좋은 곳에 별도의 정자를 짓기도 하였다.

＊어변성룡: 중국 황하 상류의 협곡에 용문(龍門)이 있다. 거센 물살을 헤치고 뛰어오른 잉어는 용이 된다 하여, 이를 어변성룡이라 한다. 등용문도 이에서 나온 단어로 선비들이 과거에 합격하기를 바라는 마음으로 고기를 길렀다.

마당은 장노년층에게 어린 날 추억이 가장 많은 장소이기도 하다. 놀거리가 없는 시골 소년들은 마당 넓은 집에 모여 제기차기, 자치기, 숨바꼭질, 딱지치기, 말타기, 술래잡기 등 온갖 놀이를 하면서 어린 시절을 보냈다. 때로는 코피 터질 때까지 싸움질도 하고, 명절 때 잡은 돼지의 오줌보로 축구를 하기도 하였다.

도산서원의 정우당. 연꽃은 진흙탕에 살면서도 몸을 더럽히지 않으고 속은 비고 줄기는 곧아 남을 의지하지 않으며 향기는 멀수록 맑다. 그래서 선비들은 연꽃을 귀히 여겼다. 퇴계는 작은 연못을 만들고 정우당(淨友塘)이라 이름하였다.

살구나무 밑 평상엔 햇빛의 송사리떼

마당에는 으레 바지랑대에 높이 걸린 빨랫줄이 있어 가족들의 옷은 물론 이부자리까지 말리었으며, 여름철의 보리타작부터 깨털기, 가을의 벼 타작까지 농사일의 결실을 모으는 곳이기도 하다.

그뿐 아니라 고추나 콩, 팥을 말리기도 하고 볕 잘 드는 한 켠에는
장독대를 두었다. 어촌에서는 어구를 손질하고 잡아온 고기를 말
리기도 하였다.

마당가는 활엽수종인 과일나무을 심었다. 이는 과일과 함께 여
름철에는 쉴 그늘을 만들며, 겨울철에는 햇살이 제대로 들게 하기
위한 선조들의 지혜였다. 이뿐 아니라 동쪽에 복숭아나무, 북쪽에
살구나무를 심는 등, 나무로 청룡 ·백호· 주작· 현무을 대신하는 비
보裨補를 하기도 하였다. *

* 홍만선, 『산림경제』

이제 어린 날 고향집 마당의 나무들을 그려보며 손에 잡힐 듯 선
연한 시어들과 함께 그리운 고향집을 함께 가보자.

땡볕 속을 천 리쯤 걸어가면

돋보기 초점 같은 마당이 나오고

그 마당을 백 년쯤 걸어가야 당도하는 집

붉은 부적이 문설주에 붙어 있는 집

남자들이 우물가에서 낫을 벼리고

여자들이 불을 때고 밥을 짓는 동안

살구나무 밑 평상엔 햇빛의 송사리떼

뒷간 똥통 속으로 감꽃이 툭툭 떨어졌다

바지랑대 높이 흰 빨래들 펄럭이고

담 밑에 채송화 맨드라미 함부로 자라

골목길 들어서면 쉽사리 허기가 찾아오는 집

젊은 삼촌들이 병풍처럼 둘러앉아 식사하는 집

지금부터 가면 백 년도 더 걸리는 집

내 걸음으로는 다시 못 가는,

갈 수 없는, 가고 싶은

정병근 〈머나먼 옛집〉

집집마다 한두 그루 있는 감나무.
유실수는 사대부와 서민 가정 모
두 심었다. ⓒ 신우식 건축사

정병근(1962~, 경북 경주)
『그대에게로 가는 편지』,
문학과지성사.

한여름 고된 농사일을 마치면, 마당 가장자리에 마른 쑥으로 모
깃불을 만들어 놓은 후, 더운 방 안을 피해 마당에 밀짚방석을 깔고
온 가족이 둘러앉아 저녁상을 받는다. 호박찌개에 비비거나, 밭에
서 갓 따온 상추, 쑥갓에 보리밥 얹고 고추장이나 쌈장을 젓가락으
로 찍어 바른 후, 한 입에 넣는다. 그렇게 한 그릇 뚝딱 비운 후 상
큼한 오이냉국을 후루룩 마시다 보면 더위는 저 만치 물러갔다. 아
니 그것만 먹었던가? "밥그릇 안에 까지 가득 차는 달빛도 먹었다."

달빛을 깔고 저녁을 먹는다, 아 달빛도 먹는다

여름에는 저녁을
마당에서 먹는다
초저녁에도 환한 달빛

마당위에는
멍석
멍석 위에는
환한 달빛
달빛을 깔고
저녁을 먹는다

숲 속에서는

바람이 잠들고
마을에서는
지붕이 잠들고

마음도
달빛에 잠기고
밥상도
달빛에 잠기고

여름에는 저녁을
마당에서 먹는다
밥그릇 안에까지
가득 차는 달빛
아! 달빛도 먹는다
초저녁에도
환한 달빛

오규원 〈여름에는 저녁을〉

오규원(1941~2007, 경남 밀양)

별 하나 따서 독에 넣고 뚜껑 닫고

이태백은 강물에 비친 달을 건지려다 물에 빠져 죽었고, 경포대
에서는 달을 다섯 개 또는 일곱 개까지 볼 수 있다는 이야기도 있

다. 하늘에 뜬 달, 동해바다와 경포호수 그리고 그대와 나의 술잔에 비친 달을 모두 합치면 다섯 개가 된다. 혹은 눈동자에 비친 달 또는 마음속의 달까지 합쳐 숫자를 늘리기도 한다. 그러나 거기까지일 뿐 달이나 달빛을 먹는 낭만은 없다.

마당에서 일어나는 일이 어디 그뿐이랴. 저녁식사가 끝나면 너른 마당에 전등을 켜놓은 큰집으로 저마다 짚 한 단을 끼고 왔다. 아제들은 새끼를 꼬거나 가마니를 치고, 어머니와 누이들은 아침에 먹을 풋콩을 까며 아이들과 끝말을 이어가거나 옛날이야기를 이어가기도 하였다.

끝말 이어가기는 "수박-박자-자명종" 하는 식이었고, 옛날이야기는 "옛날 옛날 한 옛날에 할아버지와 할머니가 살았대요" 하면, 이어받는 이가 "그런데 그들에게는 자식이 없었답니다" 하는 식이었다. 그러다 보면 어느새 한 아름이나 되는 풋콩다발은 빈 깍지만 남기 마련이었다.

아이들은 "별 하나 따서 독에 넣고 뚜껑 닫고, 별 둘 따서 독에 넣고 뚜껑 닫고"를 숨 안 쉬고 누가 많이 하나 꿀밤 먹이기 내기도 하였다. 이런 놀이도 시드렁해지면, 벌러렁 누워 밤하늘을 보았다. 수많은 뭇별들 속엔 방금이라도 떨어질 것 같은 왕별들이 초롱초롱 빛났다. 그런 가운데 별똥별이 밤하늘을 가르기라도 하면 모두들 "야" 하며 탄성을 질렀다.

내 살던 옛집 마당에 햇빛이여

이제 이런 풍경은 보기 어렵다. 시골까지 전기가 들어오고 냉장고 에어컨이 있으니, 적은 식구가 모깃불 피워 놓고 마당에서 달빛까지 먹는 낭만은 생각할 수도 없다. 또한 텔레비전과 컴퓨터 그리고 휴대폰은 가족과 이웃 간의 대화를 단절시켰다. 안도현 시인은 이런 추억이 잠겨 있는 "내 살던 옛집 마당에" 가본다. 예나 지금이나 변함없는 햇볕이 서럽게 느껴지고, 그 햇볕이 피워놓은 다양한 색깔의 과꽃으로 세상을 본다.

화길옹주의 궁집. 안채 대청에서 본 안마당. ⓒ 문화재청

괴테의 희곡 〈파우스트〉에는 마가렛이라는 소녀가 과꽃을 가지고 사랑의 점술을 치는 장면이 있다. 꽃잎을 한 장씩 떼어내면서 "나를 사랑한다와 사랑하지 않는다"를 반복하는 것으로 마지막 한 장이 "사랑한다"와 "사랑하지 않는다"를 결정한다. 마치 우리의 어린 시절, 아카시아 잎을 교대로 하나씩 따면서 내기를 하던 것과

안마당 풍경. 장독대와 마루의 햇볕에 말리는 고추와 콩이 정겹다.
ⓒ 장현석 건축사, 대한건축사협회,『민가건축』

비슷하다.

우리가 즐겨 부르는 노래, 어효선의 〈과꽃〉에서는 시집간 누나를 그리워하지만, 시인은 "자두 같은 가슴을 가지고 있던" 여자 소꿉동무를 그리워한다. 그리고 돌이킬 수 없는 유년시절을 회상하며 죽마고우의 지난날을 궁금해한다.

아무 일도 없는데 괜스레 꽃잎들 눈물 핑 돌게 하는가

내 살던 옛집 마당에 햇볕이여 너는 어쩌자고 서럽게 부서져 내리는가? 담장 위에서 고추 넌 멍석 위에서 툇마루 끝에서 끼리끼리 도란거리다가 나에게 들키고 마는가? 햇볕이여 어쩌자고 가을이면 내 살던 옛집 마당에 과꽃을 무더기로 피어 놓는가? 어쩌자고 그 꽃송이마다 세상을 보는 눈을 달아 주는가? 아무 일도 없는데 괜스레 꽃잎들 눈물 핑 돌게 하는가?

살 속의 뼈까지 다 들여다보일 것 같은 날, 너는 알겠구나, 시냇물
따라 떠났던 내 유년의 송사리떼가 이맘때면 왜 살이 통통 오른 새
끼들 데리고 상류로 거슬러 오르고 싶어하는지를, 물속 내려다보듯
너, 알겠구나 내 살던 옛집 마당에 햇볕이여, 자두 같은 가슴을 가지
고 있던 계집애들은 돌아왔는지, 그동안 누가 세상한테 이기고 누가
졌는지, 나는 어쩌자고 궁금한 게 많구나

안도현 〈내 살던 옛집 마당에〉

안도현(1961~, 경북 예천)
『바닷가 우체국』, 문학동네.

배불러 친정에 온 고모 같은 항아리

마당과 함께하는 것이 장독대이다. 장독대는 마당이 좁거나 뒤
뜰이 높아 햇볕이 잘 들면 뒤란에 두는 집도 있으나 대개 안마당가
에 둔다.

할머니의 들숨으로
어머니의 날숨으로
알맞게 익어가는
우리 집 간장과 된장

배불러 친정에 온 고모 같은

뒤란의 다양한 모습.
1. 디딜방앗간이 있는 서천 이하복 댁. ⓒ 문화재청
2. 음성 공산정. ⓒ 문화재청
3. 운조루.

막 달거리 시작한 누나 같은

장독대의 크고 작은 독들이

햇살미역 감고 있다.

오탁번 〈장독대〉

오탁번(1943~, 충북 제천)
『벙어리장갑』, 문학사상사.

요즈음 TV에서는 먹방이 인기이다. 셰프들의 인기는 하늘을 찌른다. 이와 더불어 한식의 세계화가 진행 중이다. 외국의 유명한 셰프들이 한국의 발효식품인 된장, 고추장, 간장에 눈을 돌리기 시작하였다. 재래식 장은 숨 쉬는 그릇인 옹기 독이다. 이 독에 메주를 넣고 천일염을 녹인 물을 부어 넣는다. 그리고 고추와 숯을 넣은 후 뚜껑을 닫는다.

달 내 놓아라 달 내 놓아라

항아리하면 "달 내 놓으라"는 황상순의 시가 떠오른다. 황순원의 〈독짓는 늙은이〉란 소설에서 보는 바와 같이 항아리를 독이라고도 한다. 겨우내 장을 다 먹은 후, 새 장을 담그기 전 비워놓은 장독에 소나기가 내리면 안은 명경지수明鏡止水가 된다. 밤이 되면 이 명경지수 위에 하늘에 뜬 달이 비친다. 떼 지어 우는 개구리 소리가 독에 비친 달 내놓으라는 소리로 들리는 시심에, 시끄러운 개구리 소리가 애교스럽게 들리는 듯하다.

소나기 그친 뒤
장독대 빈 독 속에 달이 들었다
찰랑찰랑 달 하나 가득한 독
어디 숨어있다 떼 지어 나온 개구리들
달 내 놓아라 달 내 놓아라
밤새 아우성이다

황상순 〈달 내 놓아라 달 내 놓아라〉

장독에는 장뿐 아니라 달, 별, 구름 등 무엇이든지 위에 있는 것은 담는다. ⓒ 관광공사

황상순(1954~, 강원 평창)
『사과벌레의 여행』,
문학아카데미.

항아리가 위 시처럼 낭만적인 것만은 아니다. 입신양명을 위해 새해를 타향에서 맞은 지가 그 얼마인가, 고독과 상실에 몸부림치다 돌아온 옛집에는 그 잘난 자식에게 모든 걸 주고 빈 항아리가 된 어머니가 있다. 김금용 시인은 〈어둠의 빛깔〉이란 시를 통하여 이를 절묘하게 합치시키고 있다.

장 단 집에는 가도 말 단 집에는 가지 말라

며느리에서 며느리로 대물림하는 간장을 씨간장이라고 한다. 충북 보은의 대저택인 선병국가는 360년간 이어온 씨간장이 있는데, 10년 전 '한국골동식품예술전'에서 1리터가 500만 원에 팔리기도 하였다. 선씨가의 종부를 인터뷰한 〈조선일보〉 기사를 보면, 혼인 잔치가 끝나고 시할머니의 처음 말씀이 "집안이 망한 다음에야 장 담그기를 그만두는 법이다. 장을 배워라"였다고 한다. 어디 이 집

1. 석파정의 마당을 덮은 소나무 한 그루를 앞
산을 끌어들이는 차경의 압권이다.
2. 논산 명재고택 월지.
3. 영천 매산고택 산수정. ⓒ 문화재청

뿐일까. "장 단 집에는 가도 말 단 집에는 가지 말라"는 속담이 전할 만큼 장맛은 그 집의 전통이며 이런 전통은 어느 집이나 대대로 전해졌다. 이와 같기에 장맛은 집집마다 다른 맛을 내기 마련이다. 그러니 그 장이 담긴 독을 어찌 아끼지 않겠는가.

장독을 하나같이 닦아 윤내며 애지중지했던 어머니, 그래서 장독대는 "어머님 네 초상"인데, 이젠 "그림자에 귀 세우며 / 담장에 웅크린 빈 항아리, 어머니"조차 없고, 어머니의 종교 같았던 장독을 채울 사람도 없다. 장까지도 회사 제품을 보고 사먹는 세대에서 장독대는 "금이 가고 이도 빠져 / 맵고 짠 생활 / 제 맛 잃은 검은 슬픔으로 / 텅 빈 충만" 추억 속에서만 살아 있을 뿐이다. 유안진 시인이 오늘날 단절된 장독대의 아픔의 전하고 있다.

수천 자리 절 올려 빌던 어머님 네 제단

이 거룩한 슬픔은
어머님 네 초상이다
고향의 뒷모습
고향 옛집 내음이다

눈부신 살구꽃 그 봄철을 선 때 묻혀
붉게 익어 휘어지는 감나무 아래
단맛 들인 가풍이었다
새 며느리 시어미 되던 꿈의 자리이다

제단처럼 기와지붕 담을 두른 장독대.

꽃잎 손바닥이 가랑잎 되기까지

수천 자리 절 올려 빌던

어머님 네 제단

어머님의 어머님 네 그 종교는

금이 가고 이도 빠져

맵고 짠 생활

제 맛 잃은 검은 슬픔이다

텅 빈 충만이다

유안진 〈장독대〉

유안진(1941~, 경북 안동)
『물로 바람으로』, 심상사.

시인과 건축사 그리고 사진작가가 함께 세운 시의 집, 시와 집을 담은 책

집필 5년 중 2년은 자료를 모으는 데 썼고 2년은 집필하였습니다. 그 사이 1년은 시인과 출판사의 연락처를 수소문하고 저작권 허락을 받는 데 사용되었습니다. 필자도 건축사로서 설계 도서에 대한 저작권을 가지고 있습니다. 그렇기에 많은 노고 끝에 얻어지는 창작의 소중함을 누구보다 잘 알고 있습니다. 그러함에도 낯 두껍게 무상 사용을 부탁하였습니다. '2017 서울 세계건축사대회'는 다가오는데, 시인과 출판사의 저작권료는 정상 지급 시 2천만 원을 상회하기에, 출판의 엄두를 낼 수 없었기 때문입니다.

시인의 휴대폰 전화번호를 어렵사리 알아 놓고도 앞자리가 010으로 바뀌는 시기에 불통이 다반사였고, 이후에도 이메일을 부탁해야 하는 이중고가 있었습니다. 하지만 대부분의 시인께서는 "선진국에 있는 건축에 관한 시 모음 책이 한국에만 없는 것을 안타깝게 여겨" 저작권을 무상으로 허락하셨습니다. 그뿐 아니라 저서와 관련된 새로운 시를 보내 주시고 격려를 아끼지 않으셨습니다.

강신애, 강은교, 강지인, 고영조, 고재종, 공광규, 길상호, 김기택, 김규리, 김명인, 김신용, 김여정, 김영남, 김은영, 김정란, 김정환, 김진경, 김혜선, 김혜순, 김후란, 나해철, 류인서, 마경덕, 목필균, 박남수, 박형권, 박형준, 박혜숙, 반칠환, 복효근, 성찬경, 손세실리아, 손택수, 송종찬, 신달자, 신대철, 신현복, 안도현, 오세영, 오탁번, 우종태, 유안진, 윤재철, 윤제림, 이건청, 이근풍, 이문재, 이문조, 이사라, 이상국, 이향아, 임현택, 장인수, 장정일, 전순영, 정갑숙, 정끝별, 정병근, 정운희, 정진규, 정진숙, 정호승, 조재도, 천양희, 최갑수, 최금진, 최동호, 최문자, 최영철, 한광구, 허형만, 황금찬, 황상순, 함명춘 시인, 특히 지도 편달을 아끼지 않은 최동호 시인협회 회장님과 김후란·신달자 선생님께 사의를 표합니다. 또한 노령으로 아드님을 통해 허락하신 황금찬 선생님께 감사드립니다.

사진과 도면을 제공해 주신 강선중, 강인수, 강태훈, 금동욱, 김강수, 김남중, 김상식, 김석순, 김영률, 김영식, 김철민, 김태훈, 김현용, 민경민, 박남규, 박무귀, 박태연, 손정호, 신우식, 신중식, 심재경, 안정환, 우종태, 이관영, 이영순, 이종호, 장순용, 장현석, 조상연, 전찬홍, 정병협, 최상철, 최우성, 홍영배 건축사와 조건 없이 사진을 제공하신 블로그명 하늘이 아부지와 자하미 님께 감사드립니다. 또한 본서의 사진 중 대한건축사협회 간행 『민가건축』(1, 2권)에 수록된 것을 카피한 부분이 있습니다. 허락을 받고 사진 원본을 구하기 위해 인터넷과 당시 위원장이었던 장순용 건축사와 수차 연락하였으나 사진 촬영을 담당한 박해진 사진작가와 노현균 씨의 연락처를 알 수 없다 하였고, 그대로 사용해도 무방할 것이라 했습니다. 이 책으로 인해 연락되길 소원합니다.

본서는 글과 시와 사진의 비중이 같다고 할 만큼 사진이 차지하는 비중이 많습니다. 그렇기에 좋은 사진을 구하는 일은 매우 중요한 일이었습니다. 다행히 필자가 대학원에서 전통건축을 전공하여 다량의 옛 사진을 갖고 있었고, 각 지방에 산재한 동료 건축사들을 비롯한 많은 분들이 도움을 주었습니다. 그럼에도 끝내 작가를 찾지 못한 사진이 몇 점 있습니다. 국내 작품의 경우 인터넷의 블로그에서 찾은 것으로, 작가를 물으면 모두 어디에선가 옮겨온 것으로 알 수 없다는 답변이었습니다. 추후 작가와 연락되면 게재료를 지불하고자 합니다. 특별히 우종태 건축사께서는 시와 사진을 함께 제공해주셨습니다.

출판권을 무상 허락하신 대부분의 출판사와 각별히 졸고의 출판을 맡아주신 안병훈 대표를 비롯한 기파랑 가족께 심심한 사의를 표합니다.

도면 작업을 도운 인두진 군과 초고 교정으로 수고한 아내 정동안과 장남 새한의 노고와 차남 새일과 자부 민주 그리고 손주 리온과 기쁨을 함께하며 늘 든든한 배경이 되어준 대한건축사협회에 감사드립니다.

한옥, 건축학개론과 시詩로 지은 집

초판 1쇄 발행 2016년 11월 30일
초판 2쇄 인쇄 2017년 1월 15일

지은이   장양순
펴낸이   안병훈
펴낸곳   도서출판 기파랑
등 록   2004. 12. 27 제300-2004-204호
주 소   (03086) 서울시 종로구 대학로8가길 56 동숭빌딩 301호
전 화   02-763-8996(편집부) 02-3288-0077(영업마케팅부)
팩 스   02-763-8936
이메일   info@guiparang.com
홈페이지   www.guiparang.com

ISBN 978-89-6523-702-0   03540

● 이 책에 실린 시와 사진은 저자가 한국문예학술저작권협회와 출판권을 가진 출판사와 저작권자의 동의를 얻어 수록했습니다. 다만 시인과 연락이 닿지 않아 시의 게재 허락을 받지 못한 시들이 있습니다. 시의 저자나 저자를 알고 계신 분은 이 책의 저자에게 연락 주시면 다시 허락을 받고 게재료를 지불하겠습니다.